U0147876

新文京開發出版股份有限公司
NEW WCDP
新世紀‧新視野‧新文京 — 精選教科書‧考試用書‧專業參考書

New Wun Ching Developmental Publishing Co., Ltd.

New Age · New Choice · The Best Selected Educational Publications—NEW WCDP

第5版
5th Edition

生活科技
Living Technology

陳仰賢 編著

國家圖書館出版品預行編目資料

生活科技/陳仰賢編著. -- 五版. -- 新北市：
新文京開發出版股份有限公司, 2023.06
　　面；　公分

　　ISBN　978-986-430-931-3（平裝）

　　1.CST：生活科技

400　　　　　　　　　　　　112008540

生活科技（第五版）　　　　　　　　（書號：E394e5）

編　著　者	陳仰賢
出　版　者	新文京開發出版股份有限公司
地　　　址	新北市中和區中山路二段 362 號 9 樓
電　　　話	(02) 2244-8188（代表號）
Ｆ　Ａ　Ｘ	(02) 2244-8189
郵　　　撥	1958730-2
初　　　版	西元 2012 年 09 月 10 日
二　　　版	西元 2014 年 06 月 15 日
三　　　版	西元 2016 年 02 月 10 日
四　　　版	西元 2018 年 06 月 15 日
五　　　版	西元 2023 年 06 月 20 日

回顧人類的歷史，由遠古的石器時代、銅器時代、鐵器時代、工業革命直至今日高科技的時代，顯示出瞬息萬變的科技，改變了人類的生活方式，也改變人對於時間與空間的觀念。科技不僅豐富了人類生命的內涵，亦是社會變遷的動力，人類運用科學的知識、創意與資源解決所面臨的各式問題，例如以畜牧方式取代了獵捕行為，使食物的來源不虞匱乏，發明農耕機械取代了人力和獸力，提高農作收割的效率，工業時代運用機器替代人力生產，使產值大量提升，現今資訊時代，人類更藉由電腦協助解決問題，生物技術於醫學及農業領域的應用，讓生命延長，其他如光電科技、通訊科技、材料科技等等均呈現出科技的重要性。因此認識科技、善用科技，已成為現代人必須具備之基本素養，透過科技知識的傳授與學習，使吾人能善用各種科學與技術、適應並改善現今及未來的生活。

　　本書於 2012 年 9 月發行初版，迄今過了十幾年，為了堅持提供最新、最進步的知識給讀者，以期更加符合讀者所需，故持續進行改版。本次改版主要為時事、資訊、技術與知識的更新，特別是依據最新資訊，「能源科技」章節全面更新，並新增「固態電池」內容，更全面檢視本書內容，適當修潤文句，讓本書臻於完備。

　　本書可供大專院校開設「生活科技」相關課程教材之使用，由科技與生活之基本概念談起，共分 8 章，分別為科技與材料、科技與美容保健、通訊與傳播、光電科技、生物科技、科技與環境、能源科技及科技與法律，讓非理、工科系學生對科技有基礎的認識，本書雖經編者仔細推敲、編輯而成，然編者才疏學淺，謬誤之處尚祈各界先進或讀者給予指正，不勝感激。

編著者　謹識

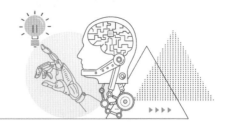

CHAPTER
01

科技與材料

1-1　材料是人類文明的進化史

　　人類的歷史曾以使用的主要材料來加以劃分，如圖 1-1 所示，從石器時代、陶器時代、青銅器時代、鐵器時代到現今的多元材料時代，人們的生活也由基本需要到安適，豐富了生活品質，也縮短了彼此的距離，世界就如同一座地球村，這都是材料科技的進展結果。

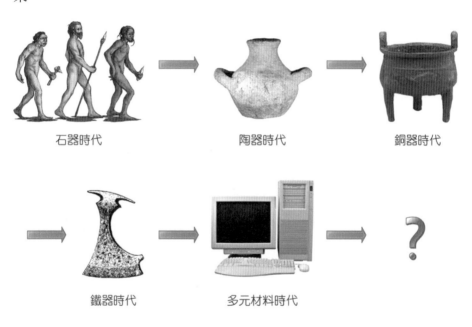

石器時代　　　　　陶器時代　　　　　銅器時代

鐵器時代　　　　　多元材料時代

❷ 圖 1-1　材料的使用史是人類文明進化史

一、使用天然材料的初始階段

　　遠古人類剛開始使用材料是因為生活所需，從身邊可取得的原始天然材料，例如：竹、木、石與骨之類的原始天然材料，不經或稍微加工後製成工具或用具，這是材料發展的初始階段，特點是單純選用天然材料。

二、使用金屬材料的第二階段

　　銅、鐵和而後其他合金(Alloy)的發現及應用是材料發展的第二階段，在這階段，金屬確立了工業材料的絕對權威，這一階段持續非常長的時間，並發揮極其重要的作用，特點是人類從自然資源中提取有用的材料。

三、人工合成材料的第三階段

　　隨著科學技術和工業的發展，人類對材料提出質量輕、功能多與價格低等要求，在此同時，人類掌握了豐富的知識和生產技能，已能人為的製造出一些自然界不存在的材料，來滿足社會上各式各樣的需求，並在材料的研製上取得更大的自由度及主動性，這是材料發展的第三階段—人工合成時代。塑料、高分子材料(Polymer)、精密陶瓷(Ceramic)與新型複合材料(Composite Material)等材料是此階段的代表。

　　在人類社會的歷史進程中，材料的發展與進步一直是人類社會前進的重要基礎之一，當社會發展對材料提出更新更高的需求時，將促進新材料的發展，每一種新材料的發現與應用，都使人類支配自然的能力更向前跨一大步。

　　目前人類已進入資訊社會，材料、能源和資訊技術是當前國際公認新技術革命的三大支柱，一個國家對於新材料的發展能力是衡量該國科學技術、國民經濟水準和國防力量的重要指標。

1-2　材料科學與工程

　　人類對材料的認識過程是複雜的，早期，每一種材料的發展、製造和使用，都是依靠技術工人的經驗（例如：看火候、聽聲音或祖傳祕方）。後來隨著經驗的累積，出現了材料技術學(Materials Technology)，這些知識比技術工人的經驗更前進一大步，但它只記錄了一些製造過程的規律，一般還是知其然而不知其所以然。

　　1863 年，光學顯微鏡(Optical Microscope)第一次用來研究金屬，導致「金相學」(Metallurgy)的出現，至此才使人們對於材料的觀察進入了微觀(Microscopy)領域。德國物理學家勞氏(Max von Laue)於 1912 年發現 X 光射線照射晶體時產生繞射現象，進而開始了對材料微觀結構的測定。同樣是德國的物理學家魯斯卡(Ernst Ruska)於 1932 年發明電子顯微鏡(Electron Microscope)，以及後來出現的各種能譜儀，把人們對微觀世界的認識帶到更為深入的層次。以前我們只能利用肉眼來分辨巨觀(Macroscopy)結構，而現在可透過電子顯微鏡等分析儀器來分辨微觀結構，許多研究顯示，結構間的各種層次與缺陷和材料性質有顯著的關聯。

　　勞氏及魯斯卡也因此分別獲得 1914 年及 1986 年的諾貝爾物理學獎(Nobel Prize in Physics)，勞氏於 35 歲就得獎，而魯斯卡直到 80 歲才得獎，諾貝爾獎有一個不成文的規定，原則上只能授予在世者，幸好魯斯卡夠長壽，他於 1988 年過世，圖 1-2 及 1-3 分別為他們兩人於諾貝爾獎辦公室網頁的照片。

❷ 圖 1-2　勞氏(Max von Laue, 1879~1960)，
1914 年的諾貝爾物理學獎得主

❷ 圖 1-3　魯斯卡(Ernst Ruska, 1906~1988)，
1986 年的諾貝爾物理學獎得主

　　材料科學 (Materials Science) 的重要研究領域是結構 (Structure)、成分(Composition)與性能(Performance)的關係。以往在應用領域，特別是工業生產中，人們總是不太注意材料結構，這往往使材料研究工作走彎路。透過不斷地實驗，人們已經認識到，即使是同一種成分的材料，當它的結構不同時，性質(Property)可以有明顯的差別，如圖 1-4 的二氧化矽(SiO_2)的結晶示意圖，雖然都是二氧化矽，但因原子排列方式有所不同，而有不同的結構與特

性。材料科學在其發展過程中揭示了一條基本物理原理—材料的性質取決於它的結構,這已是材料研究中一個重要依據。

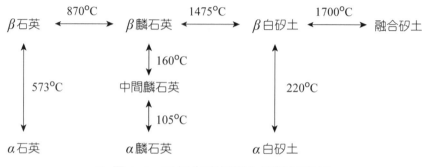

❷ 圖 1-4　二氧化矽相變化結構示意圖

一、材料結構

　　所謂的材料結構(Structure)是指材料組成單元及其排列和運動方式。包含形態(Morphology)、化學成分(Chemical Composition)、相組成(Phase)、原子結構(Atomic Structure)、結晶構造(Crystal Structure)與缺陷(Defect)等,其中「原子結構」和「結晶構造」是研究材料特性的兩個最基本的物質層次。

二、材料性質

　　材料的性質(Property)是指材料的性能(Performance)及功能(Function),實際上在討論性能時也會把功能給考慮進去,「性能」是指材料對於外部的刺激(外力、熱、電、磁、化學藥品)的反應或抵抗;而「功能」是指材料對應於某種輸入信號時,所發生質或量的變化或其中某些變化會產生一定的輸出。顯然地,強度、電阻、耐熱性、透明度與耐化學性都屬於性能,而熱電效應、壓電效應、分離與吸附則屬於功能。

　　由於材料的獲得，和品質的改進，使材料成為人們可用的物件，而這些都離不開科技和製造技術以及工程知識，所以人們往往把「材料科學」與「工程」相提並論，而稱為「材料科學與工程」(Materials Science and Engineering)。所以「材料科學與工程」是關於材料的結構、性質與製程間相互關係的知識開發及應用的科學，如圖 1-5 所示。

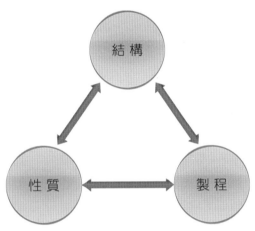

❷ 圖 1-5　材料科學與工程是關於材料的結構、性質與製程間相互關係

1-3　材料的分類

　　材料的種類繁多、用途廣泛，各個國家和科學家對於材料的分類方法不盡相同，因此可以從不同的角度來對材料進行分類。

　　工程上通常將材料分為金屬材料(Metal Material)、高分子材料(Polymer)、陶瓷材料(Ceramic)與複合材料(Composite Material)四大類；按狀態可分為單晶(Single Crystal)、多晶(Polycrystal)、非晶質(Amorphous)、準晶(Quasi Crystal)和液晶(Liquid Crystal)；從化學角度，材料可分為無機材料(Inorganic Material)與有機材料(Organic

Material)；從應用來看，材料可分為建築材料、電子材料、航空材料、汽車材料、能源材料與生醫材料等。

目前常依據材料的用途，將材料分為結構材料和功能材料兩大類：

（一）結構材料

結構材料(Structure Material)是利用其力學特性，用於各種領域，例如工程建築、交通運輸、機械製造與航空太空等各種工業。

（二）功能材料

功能材料(Functional Material)是利用強度以外還有其他功能的材料，他們對外界環境具有靈敏的反應能力，即對於光、熱、電、磁等各種刺激，可以選擇性的做出反應，而有許多特定的用途，例如發光、能源、通訊與生物等許多科技的開發，都需要有相對的功能材料。我們可以說沒有許多功能材料的出現就不會有現代科學技術的發展。

近年來又出現一種智慧材料(Intelligent Material)的概念，此類材料在功能材料的基礎上，另具有人類特有的辨知能力，即能感知外部刺激（感測功能）、判斷並適當處理（處理功能）且本身可致動（致動功能）的材料，圖 1-6 為智慧材料的特徵示意圖。

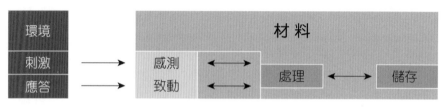

❷ 圖 1-6　智慧材料的特徵示意圖

近來流行的變色鏡片就是一種智慧材料，當眼鏡照射到 420nm 以下波段的光時，眼鏡的透光率就下降，380nm 以下的波段完全不穿透，顏色也變暗，當鏡片回到室內，不再有紫外光照射時，鏡片的顏色又恢復原來透明的顏色，可保護眼睛免受紫外光的影響，降低白內障發生率，如圖 1-7。

❷ 圖 1-7　光致變色鏡片

1-4　材料科技與生活

　　從遠古石器時代到當今，材料科技的發展主導著人類的文明，日常生活的食、衣、住、行、育、樂都與材料使用息息相關。材料應用的範疇包羅萬象，從日常生活到醫療生技、光電科技、航太科技、汽車及造船工業、資訊及通訊等無所不包。不斷開發新材料，才能滿足現代尖端科技的要求，故近來大量多功能材料的問世加速了工商業的進步且提高生活品質。常見的材料可分成金屬材料、陶瓷材料、高分子材料、複合材料與電子材料等。

❷ 圖 1-8　不同材質的汽水瓶

圖 1-8 為國內某知名飲料公司汽水瓶裝，早期是玻璃瓶，後來陸續有鋁罐及寶特瓶的使用。

一、金屬材料

金屬材料(Metal Material)是人類開發較早且也是最為普遍使用的材料，金屬材料具有優良的導電性、導熱性、延展性與金屬光澤等，金屬材料有時也包含兩種以上金屬所組成，此稱為合金(Alloy)。人類已開發使用的實用合金共有 30 餘種系統，每一系統皆以一種金屬元素為主，隨著添加不同的元素而產生不同的合金。例如鋁合金以鋁為主，加入微量的鎂及矽，可得容易擠形且具有中等強度的鋁門窗材料；若加入適量的鋅、鎂、銅元素，則成高強度鋁合金，可用於飛機、太空船結構體；而鋼鐵材料以鐵為主，加入碳得到碳鋼，碳越多強度越高，當碳含量超過重量百分比 2%時，就成為鑄造性良好的鑄鐵；另若加入鎳、鉻、鉬、釩等元素，可得性能不同的合金鋼。另外常見的銅合金則可分為黃銅(Brass)與青銅(Bronze)，黃銅是銅與鋅的合金；青銅是銅與錫的合金。

金屬材料一般分為兩大類，一類是以鐵為主，稱為鐵金屬材料，另一類為不含鐵的非鐵金屬材料，例如：銅(Cu)、鋁(Al)、鈦(Ti)、鎳(Ni)與鉻(Cr)，以下介紹幾種金屬材料。

(一) 鐵金屬材料：不鏽鋼

不鏽鋼是由英文「Stainless Steel」直接翻譯而來，它其實是一種耐蝕鋼(Corrosin Resistance Steel)，為鐵、鉻與碳的合金，部分不鏽鋼還含有鎳的成分。

鋼鐵材料具有價格便宜及機械性質良好的特色，而且產量多，是最有用的金屬材料，不過它有一個很大的缺點，就是容易生鏽或腐蝕，因為鐵易被空氣中的氧氣氧化，生成多孔性的氧化鐵或稱為

鏽層，使得周遭的水氣與空氣繼續腐蝕穿透鏽層，甚至完全破壞整個結構。為了克服這項缺點，在鋼中添加鉻來改良耐蝕性，就成了所謂的不鏽鋼。

　　將鉻加到鋼中，能夠在鋼材表面形成一層薄薄的緻密氧化膜—氧化鉻，其可保護鋼不被腐蝕，一般來說不鏽鋼的鉻金屬含量至少要有 12wt%，雖然鎳也是不鏽鋼中提高抗蝕性的材料，但有許多研究發現鎳會造成人體過敏，因此醫療用的不鏽鋼不會含鎳。

　　不鏽鋼的種類非常繁多，依其成分可分成低鉻系、鉻系、鉻鎳系及鉻鎳錳系等四種型式不鏽鋼，依其晶相組織可分成沃斯田鐵、肥粒鐵、麻田散鐵及析出硬化不鏽鋼等型式，如圖 1-9 所示。

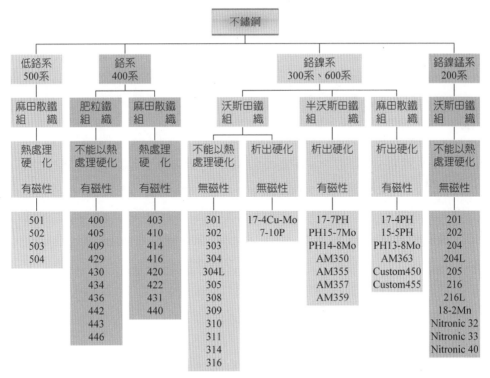

❷ 圖 1-9　不鏽鋼的分類

目前來說大約有 200 種不鏽鋼，新的種類仍在繼續開發，不鏽鋼因不易生鏽、使用年限長，且有一定的強度及硬度，是很常見的金屬材料，廣泛用於餐具、廚具、門、窗、機械零件與水塔等，圖 1-10 為不鏽鋼鍋具及水塔。也常用於外科醫療的器械或暫時性植入的骨釘、骨板。

❷ 圖 1-10　不鏽鋼製品

（二）非鐵金屬材料：鈦金屬

鈦金屬是近來流行的非鐵金屬材料，它質輕，密度只有 4.5 g/cm^3，擁有非常高的比強度（強度／質量），因此為常見的航太材料。純鈦具有同素異形結構(Allotropy Structure)，在低溫時為 α 結構，高於 882°C 以上則轉為 β 結構。而且鈦很容易氧化，與氧接觸很快就會形成一層薄薄的 TiO_2 膜，使它有優良的耐蝕性。且鈦植入人體內也不會有排斥作用，有優良的生物相容性，常作為人工植體材料，圖 1-11 為牙科植體(Dental Implant)，圖 1-12 為人工髖關節(Artificial Hip Joint)。

❯ 圖 1-11　牙科植體

❯ 圖 1-12　人工髖關節

　　鈦金屬與鎳金屬以 45wt%：55wt%比例組成的合金，具有形狀記憶功能，在某臨界溫度以上成型，然後降溫後受到外力作用變形，只要再回到臨界溫度以上即可恢復原來的形狀。此原理可以用來作為牙科矯正用材料，目前大宗使用在女性記憶型內衣。

（三）貴金屬材料

　　圖 1-13 為元素週期表，原子序 44 至 47 及 76 至 79 的釕(Ru)、銠(Rh)、鈀(Pd)、銀(Ag)、鋨(Os)、銥(Ir)、鉑(Pt)及金(Au)等 8 種元素因化學穩定性好且耐酸鹼，被稱為貴金屬材料(Noble Metal)，其中金、鉑、銀為常見的飾品材料；鈀加到飾品金屬中可以強化飾品的強度，在工業上發現鈀有極大的吸氫能力，可作為儲氫材料，能應用到燃料電池。

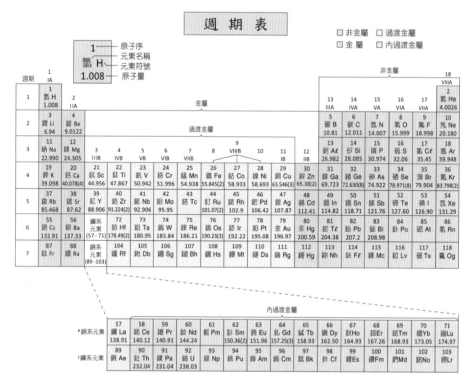

● 圖 1-13　元素週期表

（四）高熵合金

　　高熵合金(High Entropy Alloy)是傳統合金之外的另一個合金世界，又稱為「**高亂度合金**」，高熵合金則是由多個主元素所構成，其中每個主要元素都具有高原子百分比，但不超過 35%，因此沒有一個元素能占 50% 以上，足以擔任領導者的角色；也就是說，這種合金是由多種元素集體領導而表現其特色。學者定義：高熵合金的主要元素數目至少要有 5 個。熵(Entropy)是熱力學上代表亂度的一個參數，一個系統的亂度越大，熵就越大，進而使自由能(Free Energy)越低，使得整個系統越趨於穩定，因此在高溫時仍可保持一定的強度。高熵合金具有下列特性：

1. 結晶構造趨於堆積較鬆散的體心立方結構或非晶質結構。

2. 容易產生奈米級的析出物。

3. 極高的強度與韌性。

4. 良好的熱穩定性。

5. 優越的耐蝕性。

　　圖 1-14 為 $Al_xCo_{1.5}CrFeN_{i1.5}Ti_y$ 高熵合金與兩種商用耐磨合金的硬度與磨耗阻抗關係圖，一般而言，硬度越高，才會越耐磨。然而此高熵合金的硬度明顯比 SKH51 低，磨耗阻抗卻是 SKH51 的兩倍，可說非常特殊。

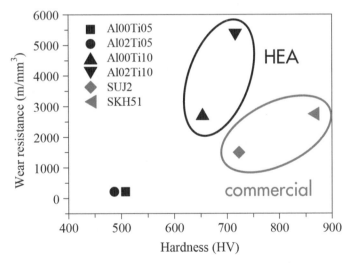

❯ 圖 1-14　高熵合金與傳統耐磨合金的硬度對磨耗阻抗圖
(Ref: Acta Materialia 59(2011)6308-6317)

（五）儲氫合金

　　鎳／氫電池為 20 世紀後期新開發的電池，以氫氧化鎳作為正極材料，儲氫合金(Hydrogen Storage Alloy)為負極材料，氫氧化鉀

及氫氧化鋰為電解質,如圖 1-15 所示。和傳統的鎳／鎘電池(1895 年問世)相比,主要差異在儲氫合金取代鎘作為負極材料,且具有 5 個顯著的優點:

1. 能量密度高,同尺寸大小的電池,容量為鎳／鎘電池的 1.5~2 倍。

2. 無鎘汙染,因而鎳／氫電池又稱為綠色電池(Green Battery)。

3. 可大電流快速充放電。

4. 工作電壓為 1.2V,與鎳／鎘電池有互換性。

5. 無明顯記憶效應(Memory Effect)。

由於以上幾個方面的特性,鎳／氫電池目前已廣泛應用於手機通訊及筆記型電腦等各種小型攜帶式電子設備。

● 圖 1-15　鎳／氫充電電池

週期表中所有的金屬元素都可以和氫反應形成氫化物,反應的性質可約略分為兩種。第一種金屬容易和氫反應形成穩定的氫化物,且反應過程中會放出熱量,稱放熱型金屬(A),如 Ti、Zr、

Mg、V 等稀土元素等，此類元素與氫具有強的親和力，吸氫量較高，但不易釋出氫氣。另一種金屬與氫的親和力較小，不容易生成氫化物，和氫反應的過程中需要吸收熱量，稱吸熱型金屬(B)，如 Fe、Co、Ni、Cr 等，此類元素吸氫量較低，但易釋出氫氣，與放熱型金屬(A)相比，則具有相反的性質。一般儲氫合金都是利用這兩種不同特性的金屬組合而成，分子式以 AmBn 表示（例如 AB、A_2B、AB_2、AB_3、AB_5 等），由 A 元素控制儲氫量，B 元素控制吸放氫的可逆性，以改善合金吸放氫的熱力學和動力學性質，調整適當的 m 和 n 比例，可製備出特性優良的儲氫合金，如表 1-1 所示。

表 1-1　儲氫合金的例子

組成類型	A	B	金屬合金組合
A_2B	Mg、Zr	Ni、Fe、Co	Mg_2Ni、Mg_2Co、Zr_2Fe
AB	Ti、Zr	Ni、Fe	TiNi、TiFe、ZrNi
AB_2	Zr、Ti、Y、La	V、Cr、Mn、Fe、Ni	$LaNi_2$、YNi_2、YMn_2、$ZrCr_2$、$ZrMn_2$、ZrV_2
AB_3	La、Y、Mg	Ni、Co	$LaCo_3$、YNi_3、$LaMg_3$
AB_5	Ca、La	Ni、Cu、Co、Pt、Fe	$CaNi_5$、$LaNi_5$、$CaNi_5$

二、陶瓷材料

陶瓷材料(Ceramic Material)是同時含有金屬元素與非金屬元素的複雜化合物，典型的陶瓷材料硬、脆且熔點很高，但導電度及導熱度低，有良好化學安定性及熱安定性，並且有極強的抗壓強度。

陶瓷材料用途很廣泛，從陶瓷器、磚、瓷磚、餐具、水泥、玻璃、耐高溫材料、磁體、電子元件與磨料等，極為可觀。而陶瓷在工程應用上可分為兩大類，一為傳統陶瓷，另一為精密陶瓷。

　　傳統陶瓷的基本原料有黏土、石英與長石，黏土是含結晶水的矽鋁酸鹽，與水混合時產生塑性，可成型。石英是二氧化矽結構的一種，在陶瓷中常作為胚體耐熔支架。長石分為鉀長石及鈉長石，主要是一種助熔劑，傳統陶瓷的用途以磚、瓦與工藝用品為大宗，金屬燒附陶瓷假牙的陶瓷材料成分和傳統陶瓷相似。

　　精密陶瓷的原料是高純度人工合成的，如氧化鋁(Al_2O_3)、氧化鋯(ZrO_2)、氮化矽(Si_3N_4)與碳化矽(SiC)等，通常是作為功能陶瓷（具有熱、電、聲、光、磁等功能相互轉換特性）和生物陶瓷等。

　　氧化鋁在自然界稱為剛玉，若含有金屬鉻，即所謂的紅寶石，若含有鈦或鐵，則為藍寶石。工業界是利用拜耳法，將鋁土礦提煉成氧化鋁，可用於各種耐火磚、耐火坩堝、耐高溫實驗儀器；還可作研磨劑、阻燃劑、填充料等；而高純度的 α 型氧化鋁還是製作人造剛玉、人造紅寶石和藍寶石的原料，可用於生產現代大型積體電路的基板。

　　氧化鋯有三種結晶構造，1,170℃以下是單斜結構(Monoclinic Structure)，1,170~2,370℃是正方結構(Tetragonal Structure)，高於2,370℃是立方結構(Cubic Structure)，以立方單晶體存在的氧化鋯在天然中極為罕有，但現今常以人工方法合成，被廣泛用作鑽石的代替品，也就是所謂的蘇聯鑽。氧化鋯具有高強度、高韌性，因此有「陶瓷鋼鐵」之稱，可作為研磨材料或耐磨材料。此外其低熱傳導及與金屬材料較相近的熱膨脹係數的特性，常作為飛機引擎的熱障塗層(Thermal Barrier Coating)，在耐高溫的超合金(Superalloy)表層噴塗氧化鋯，可提高運轉溫度及耐高溫腐蝕性，也可增加引擎運轉效率，為目前重要的航太陶瓷材料。近來也發現其具生物惰性，置於生物體中並無害，因而發展出全陶瓷冠假牙，圖 1-16 為氧化鋯全瓷牙冠。

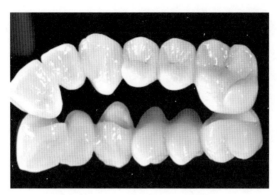

● 圖 1-16　氧化鋯全瓷牙冠

目前使用的氧化鋯並非純氧化鋯，主因是氧化鋯於 1,170℃ 會有相變化的發生，以全陶瓷牙冠來說，氧化鋯內冠於 1,400℃ 完成瓷化後還有後續的堆瓷燒結程序，多次升降溫經過 1,170℃ 會產生相變化，而造成體積收縮及膨脹，因此會使得燒結在氧化鋯內冠上面的瓷剝落，因此常見市售氧化鋯都是部分安定氧化鋯(Partially Stabilized Zirconia, PSZ)，以含氧化釔(Y_2O_3)相穩定劑為最常見，亦有氧化鎂(MgO)、氧化鈣(CaO)及氧化鈰(CeO_2)，添加相穩定劑的氧化鋯可以將高溫的正方晶相維持在低溫出現。

部分安定氧化鋯受力後，其結晶相會由正方晶結構轉變回單斜晶結構，並伴隨 3%的體積膨脹，可對材料內部的裂痕產生壓縮作用，使得裂痕延伸困難，此為氧化鋯變態韌化的原理，因此其可添加到氧化鋁陶瓷中，作為陶瓷刀具，亦可單獨作為陶瓷刀具的主原料，圖 1-17 為氧化鋯陶瓷刀。

● 圖 1-17　氧化鋯陶瓷刀

　　氫氧基磷灰石(Hydroxyapatite, $Ca_{10}(PO_4)_6(OH)_2$)為人類天然骨頭的礦物質成分，人工已合成製造出此生醫陶瓷材料，用於骨粉或人工植體表層的生物活性塗層。

　　「玻璃」(Glass)在生活中隨處可見，以科學家的觀點來定義的話，玻璃是指一切非晶質(Amorphous)的物體（非晶質的意思是組成材料的原子皆為不規則排列；而相反的便是結晶態，組成材料的原子規則且有固定位置的排列，例如：面心立方堆積或體心立方堆積等等）。不只日常生活中所見的玻璃是非結晶狀，許多高分子材料也普遍存在玻璃態，所以玻璃並不單單特指某種材料，而是材料的一種狀態；但這跟一般人對玻璃的概念有點差距，因此玻璃的第二種含意就是透明且不具備彈性的非結晶材料，應用於顯示器、手機螢幕或作為窗戶等用途，這些玻璃主要材料是二氧化矽(SiO_2)，外加其他配料，如在二氧化矽中添加了三氧化二硼的硼矽酸鹽玻璃，又名耐熱玻璃，化學實驗使用的燒杯即為此材質。

　　現今日本科學家發現一種高強度玻璃，其組成成分為$54Al_2O_3$-$46Ta_2O_5$，這項研究成果被發表在著名國際期刊－《科學報告》(*Scientific Reports*)上。這種玻璃的強度到底有多強呢？請各位回想國中時期理化所學到的虎克定律，$F = k \times x$ 的 k，k 為彈性常數，或稱為楊氏模數(Young's Modulus)，此值越高，表示在彈性變形範圍內相同受力時，其產生的變形量較小，也就是材料的強度越強。此玻璃的楊氏模數達 158.3 GPa，一般玻璃才 50 GPa，比金屬類的銅 110 GPa 還高（鐵約 205 GPa），圖 1-18 為此玻璃的穿透率測試結果，顯示可見光的穿透率達 80%以上。

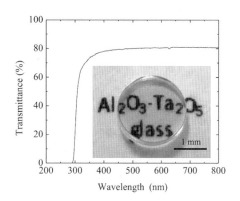

❷ 圖 1-18　54Al$_2$O$_3$-46Ta$_2$O$_5$ 玻璃的光譜穿透率測試結果

(Ref: Scientific Reports 5, Article number: 15233(2015), doi:10.1038/srep 15233)

此玻璃材料的出現，會對光電產業造成極大的影響，以往若對於玻璃面板的強度有疑問時，常以藍寶石取代，未來將有可能以此 54Al$_2$O$_3$-46Ta$_2$O$_5$ 取代之。

三、高分子材料(Polymeric Material)

高分子材料，從字面上就知道，是一種分子量很高的材料，又稱為聚合物，以碳、氫及其他非金屬元素為基礎所組成。高分子材料質輕，對腐蝕的抵抗力與電性絕緣性均佳，但抗拉強度相對低，並且不適合在高溫下使用。高分子材料的應用範圍極廣，包含玩具、服飾與裝飾材料、油漆、輪胎及塑膠袋等。

（一）聚合機制

分為加成聚合物(Addition Polymer)及縮合聚合物(Condensation Polymer)。加成聚合物是聚合的分子重複出現，它的鏈長可達好幾千個分子的長度，而縮合聚合物是利用兩種或兩種以上的分子，經過一個會釋出副產物的化學反應而產生。

（二）聚合物性質

常見的性質區分方式是以它們的受熱行為分為熱塑性高分子(Thermoplastic Polymer)及熱固性高分子(Thermosetting Polymer)兩類。熱塑性顧名思義，加熱後呈現可塑性，而溫度下降至室溫即可定型，若將其再次加熱，便可再塑型。而熱固性則是加熱固化後就成型完畢，無法再次塑型。常見熱塑性及熱固性高分子材料的性質及用途如表 1-2 及表 1-3 所示。

表 1-2　常見熱塑性高分子的性質及用途

名稱	性質	用途
聚乙烯(PE)	柔軟、透明、伸張高，熱變形的溫度低，耐寒性、抗化學性均佳	包裝袋、玩具、塑膠瓶、電線包覆、人造草皮、塑膠管、水桶
聚丙烯(PP)	透明、密度低、耐熱、強度佳、抗化學性、電絕緣性佳、不易加工	包裝袋、抽絲、編織籃袋、球、塑膠瓶、玩具、吸管
聚氯乙烯(PVC)	機械強度佳、抗化學性、耐燃	塑膠管、塑膠皮、塑膠布、塑膠板、玩具、家具、人造皮、洋娃娃、鞋類、浴簾
聚苯乙烯(PS)	透明、硬但易碎、加工容易	玩具、文具、燈罩、發泡板、收音機外殼、塑膠杯
聚醯胺（尼龍）(PA)	抗張強度、韌性、耐磨性極佳，難燃性、抗化學性佳，易潮濕	抽絲、漁網、齒輪、軸承、電器、零件、鞋底、鞋跟、牙刷毛
聚四氟乙烯（鐵氟龍）(PTFE)	耐衝擊性佳、耐摩擦、耐熱、防水、耐化學性、電絕緣性佳	軸承、電線、絕緣、防蝕、襯墊材料、膠帶

表 1-3　常見熱固性高分子的性質及用途

名稱	性質	用途
酚醛樹脂(PF)	色略黃、質硬、電傳性低、抗化學性佳	電器零件、器具把手、電視、電話外殼、齒輪
尿醛樹脂(UF)	色白、質硬、折曲強度佳、電絕緣性佳、耐磨	桌面材料、碗盤、筷子、電器、裝飾品及照明材料
環氧樹脂(EP)	耐溫、耐候性佳，耐化學性及絕緣性佳	高級塗料、接著劑、高強度材料及零件
聚胺基甲酸脂(PU)	耐撕性、耐磨性、耐化學性及電絕緣性佳	泡棉、人造皮、鞋底、塗覆材料、坐墊、玩具

　　大多數的高分子材料都含有添加劑(Additive)，因為添加劑可使高分子材料增加特殊功能，常見的添加劑如下：

1. **色素**(Pigment)：可使高分子材料呈現各種顏色。

2. **安定劑**(Stabilizer)：可防止高分子材料因環境的影響而變質。

3. **去靜電劑**(Antistatic Agent)：由於高分子材料大都是電的不良導體，因此常會帶有靜電荷，而去靜電劑可從空氣中吸收水分到高分子表面，因而改善高分子的導電度及降低發生火花或放電的可能性。

4. **火焰延遲劑**(Flame Resistance)：由於高分子是有機材料，大多數的高分子都會起火燃燒，含有氯、溴、磷或金屬鹽類的火焰延遲劑可以降低燃燒發生。

5. **潤滑劑**(Lubricant)：例如蠟(Wax)或硬脂酸鈣(Calcium Stearate)可降低熔融態高分子的黏度及改善它們的成形性。

6. **塑化劑(Plasticizer)**：是分子量低的分子或鏈，可以降低高分子的玻璃轉移溫度，改善聚合物的性質與成型性。磷苯酸鹽系列是最常見的塑化劑，但有生物毒性，醋酸鹽系列尚無報告指出有嚴重毒性發生。

7. **填料(Filler)**：加入無機填料可改善高分子的機械性質，增加強度及耐磨耗性。

8. **耦合劑(Coupling Agent)**：可改善無機填料與高分子間的鍵結性，其中以矽烷(Silanes)最常見。

　　高分子材料因製造容易、成本低廉，並且具有防水、質輕、絕緣與顏色調配容易等特性，廣受大家喜愛，用途甚廣，包含日常生活中的包裝、用具與器皿，亦應用在工業上，如機械配件、黏著劑等，在醫療方面則用於假牙、人工關節與藥物載體等。

四、複合材料(Composite Material)

　　當兩種材料結合而得到一種原來的任一材料所未有的性質組合時，就產生所謂的複合材料。經由適當的選配，複合材料可以有優異的強度、重量、高溫性能、耐蝕能力、硬度或導電度。複合材料的組成可以是金屬—金屬、金屬—陶瓷、金屬—高分子、陶瓷—高分子、陶瓷—陶瓷或高分子—高分子，常見的金屬—陶瓷複合材料是燒結碳化物，為機械加工產業常用的切削工具。複合材料可分為三類：顆粒複合材料、纖維複合材料與層狀複合材料。

　　圖 1-19 為工業研磨拋光用的磨輪，它是一種顆粒複合材料，由氧化鋁、碳化矽、氮化硼或鑽石構成。

● 圖 1-19　磨輪

● 圖 1-20　玻璃纖維強化塑膠桶槽

　　玻璃纖維強化塑膠(Fiberglass Reinforced Plastic, FRP)是一種纖維強化複合材料，圖 1-20 是玻璃纖維強化塑膠桶槽、具有優越的耐腐蝕性且比強度高，FRP 比重為鐵的五分之一、鋁的二分之一，所以單位重量的強度比鐵與鋁大。FRP 所使用的是熱固化性樹脂，不像 PVC 或 PE 等使用熱塑性樹脂，因此高溫不軟化，低溫不脆化。且 FRP 之熱傳導率很低（約鈦的 1/180），故斷熱效果好，不須保溫與保冷。耐蝕性 FRP 桶槽在國內之供應廠以纏繞成型設備者為主，應用領域包含：食品醬油、造紙、色料、製藥、石化、紡織、電子、金屬處理與塑膠等工廠。

　　圖 1-21 是常見的市售多層複合鍋具，為一種層狀複合材料，外層是不鏽鋼，內層為純鋁金屬及鋁合金。因鍋具除須具有高導熱性外，外層還需具耐磨耗性及耐腐蝕性；純鋁雖具高導熱性，但太軟，因此為提高強度，在鋁板的兩面以摩擦接合方式接上鋁合金以提高強度，但鋁離子對人體有害，可能造成老人失智，且鋁合金的抗磨耗性仍不及不鏽鋼，因此考量其強度，最外層選擇耐磨、抗蝕之不鏽鋼材質。

特級不鏽鋼一體成型
鋁合金
純鋁
鋁合金
特級不鏽鋼一體成型

● 圖 1-21　多層金屬複合鍋

五、電子材料(Electronic Material)

電子材料其涵蓋範圍非常廣泛，若從應用產業或領域區分，可歸納為半導體材料、顯示器材料、印刷電路板材料、電池材料、記錄媒體材料、被動元件材料與光纖光纜材料等。單一元素來說，原子序 14、31 及 32 的矽(Si)、鎵(Ga)與鍺(Ge)為電子材料的代表。

談到電子材料，一定要介紹半導體(Semiconductor)，半導體可分為本質半導體(Intrinsic Semiconductor)及外稟半導體(Extrinsic Semiconductor)。圖 1-22 為本質半導體能帶理論說明示意圖，矽(Si)與鍺(Ge)兩元素的傳導帶(Conduction Band)和價帶(Valence Band)是分開的，兩者間存在著能隙(Energy Gap)，當價帶的電子獲得能量，被激發到傳導帶而有導電現象，此為本質半導體。若能隙太大，價帶的電子(Electron)無法被激發到傳導帶，則為絕緣體。

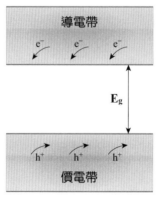

● 圖 1-22　本質半導體能帶理論示意圖

　　圖 1-23 為外稟半導體能帶理論說明示意圖，如果我們在矽(Si)與鍺(Ge)兩元素中加入五價的雜質原子例如銻(Sb)，則銻原子的四個電子將參與共價鍵結合作用，而多餘的一個電子將進入一個稍低於傳導帶的施體能帶(Donor Band)，如圖 1-23 中的(a)所示，因多餘的原子未被原子所束縛，所以只要小量的能量 E_d 就能使電子進入傳導帶內而導電，此為 n 型半導體。

　　如果我們在矽(Si)和鍺(Ge)兩元素中加入三價的雜質原子例如鎵(Ga)，則造成電子數目不敷共價鍵結合之所需，因此價帶內將產生一個電洞(Hole)，而該電洞可以由價帶內其他位置的電子來填充。電洞的位置具有比一般電子略高的能量，因而有一個受體能階(Acceptor Level)產生，如圖 1-23 中的(b)所示。為了讓價電內產生一個電洞，必須讓一個電子獲得 E_a 的能量，然後電洞就能夠運動並傳導電荷，此為 p 型半導體。

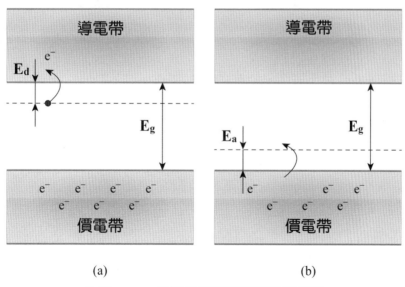

(a)　　　　　　　　　　　　　　(b)

❷ 圖 1-23　外稟半導體能帶理論示意圖

半導體元件的性質取決於 n 型和 p 型半導體間的界面性質，常見的有 pn 型、pnp 型及 npn 型，可用於交流電整流成直流電或電流放大等等。

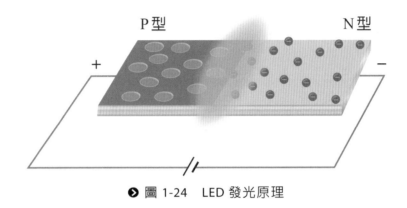

❷ 圖 1-24　LED 發光原理

圖 1-24 為發光二極體原理示意圖，當一乾電池的正電壓接到 P 型半導體，負電壓接到 n 型半導體，此種接法稱為順向偏壓。在一適當的順向偏壓下，電子、電洞由乾電池分別注入 n、p 兩端後便會於 p/n 介面區域結合而發光，即電子由高能量狀態掉回低能量狀態與電洞結合，將能量以光的型式釋放出來。

1-5　材料科學與奈米科技

「奈米」(Nanometer)是新的科技名詞，並非食用的米，「奈米」中的「米」是長度單位，即公尺(Meter)的譯名，1 米就是 1 公尺。「奈米」的「奈」字是一個單位尺度，是英文 Nano 的譯名，表示 10^{-9} 的意思，亦即十億分之一。而「奈」(Nano)與「米」(Meter)合在一起成為「奈米」(Nanometer)，代表十億分之一公尺的尺寸大小，也就是 $1\,nm = 10^{-9}\,m$。

一個奈米到底多小？小到人類眼睛看不見，人類頭髮平均直徑為 80 微米(μm)，把頭髮的直徑分割為 8 萬份，而其中的 1 份就是 1 奈米，可見其相當細小。

奈米科技是近年來才開始發展的新科技，許多科學家都在實驗室努力開發新奈米材料。在自然界的環境中，有許多生物體內均含有奈米粒子或具備奈米結構，使其展現特殊的功能或形態。當我們追求奈米科技發展時，「師法自然」或許能提供另一種思考的模式。

一、自然界的奈米現象

你或許看過荷葉上的水珠總是一顆顆圓滾滾的（圖 1-25 所示），而其他植物葉片上的水珠則不然。德國波昂大學植物學教授威廉·巴斯洛特(William Barthlott, 1946~)研究各種葉片，發現荷葉就是一種奈米結構，葉片表面有許多突起狀的表皮細胞，上面覆蓋著長度約 100 奈米的疏水性含蠟絨毛。由於空氣分布在突起狀的表皮細胞間隙，使水珠無法與葉面完全接觸，再加上顯微絨毛結構，造成荷葉具有疏水能力。

● 圖 1-25　荷葉表面的水珠

　　由於此種疏水效應，物體表面與水珠的吸附力量降低，水珠在物體表面可快速移動，在有足夠動能的條件下，可將物體表面的灰塵清除，此效應可應用於大樓外牆及汽機車烤漆防汙上。圖 1-26 為某機車大廠於 2003 年底首推的奈米級烤漆機車，之後此項技術更形普及，民間一般汽車美容的店家即可提供相關服務。

❷ 圖 1-26　機車外殼經奈米烤漆處理

　　圖 1-27 是海洋世界的海豚表演，不知你是否曾感到好奇：為什麼海豚終其一生在海中生活，皮膚仍然常保平滑乾淨，而船艦下水後船殼即開始鏽蝕，甚至附著微生物呢？如此不但會增加行船的摩擦阻力，也會消耗更多的能源。

❷ 圖 1-27　海豚有平滑乾淨的皮膚

曾有研究人員觀察海豚的皮膚，發現儘管肉眼看起來極光滑，但其實布滿了奈米尺寸的微小凸起。這些微小凸起物的大小不至於對海豚的游動構成摩擦力，但小到足以讓海中微生物無法附著其上，海豚的皮膚因此具有自潔功能。2004 年國內已有塗料廠商提出開發船艦專用的奈米塗料計畫，之後數年亦持續蓬勃發展。

許多昆蟲及動物都具有辨識方向的能力，即使離家千里，終能找到回家的路，例如：螞蟻、蜜蜂、海龜與鴿子等。科學家發現這些生物體內都存有奈米級的磁性粒子，在地球磁場的作用下具有導航功能，因此可辨識方向找到回家的路，如民間的賽鴿競賽，將鴿子帶離家數百公里，牠仍然可以找到回家的路。

二、材料奈米化後的特性

材料奈米化後，有許多特性和平常巨觀可見的特性有很大的差異，舉三個例子說明：

（一）量子尺寸效應

在巨觀下一般金屬材料的電子能階是連續的，根據久保(Kubo)理論：

$$\delta = \frac{4E_F}{3N} \qquad\qquad (\text{Eq.1.1})$$

δ：能階間距
E_F：費米能階
N：電子數目

巨觀物體包含無限多個電子 $(N \to \infty)$，由式(Eq.1.1)，可得到 $\delta \to 0$，即對於大粒子或巨觀物體的能階間距幾乎為零；而對於奈米粒子，因所包含的電子數目有限，N 值很小，這就導致 δ 有一定

的值，使能階不再連續，也就是說奈米顆粒的金屬材料會產生不導電現象，與一般巨觀時的特性有很大的差異。

（二）小尺寸效應

當超微顆粒的尺寸與光的波長或德布羅意波長(De Broglie Wave Length)等物理特徵，尺寸相當或更小時，晶體週期性的邊界條件將被破壞，奈米微粒的表面層附近原子密度減小，導致聲、光、電、磁、熱與力學等特性呈現與巨觀特性的不同。

例如，隨著顆粒尺寸的變小，強磁性顆粒的磁區(Magnetic Domain)將會由多區(Domain)狀態變為單區狀態，使反轉磁化模式從磁區壁位移轉變為磁區轉動，進而使矯頑力(Coercive Force)顯著增長，這一規律已成為製備永磁微粉的通則。單區臨界尺寸隨材料而異，例如：鋇鐵氧體($BaFeO_x$)中，單區約為 $1\mu m$，而鐵的微顆粒中的單區僅為 17nm 左右。對於 16nm 的超微顆粒，矯頑力可高達 80000A/m，可作為金屬型磁帶(Magnetic Tape)、信用卡(Credit Card)或磁卡中的記錄介質。

超微顆粒的熔點隨顆粒尺寸減小而降低，如塊狀金(Au)熔點為 1064℃，但顆粒降到 2nm，熔點為 327℃。此特性讓粉末冶金工業可以降低燒結溫度，有效減少燒結時能源的消耗。

（三）表面效應

表面積與體積的比定義為比表面積，它與顆粒尺寸成反比，如原子間距為 0.3nm，表面原子僅占一層，粗略地估計表面原子所占的原子數比例列於表 1-4：

表 1-4　顆粒尺寸與表面原子數分數的關係

顆粒尺寸(nm)	1	5	10	100
原子總數	30	1×10^3	3×10^4	3×10^6
表面原子比例	100%	40%	20%	2%

　　由此可見，對於大於 100nm 的顆粒，表面原子比例很小，表面效應可忽略不計；當尺寸小於 10nm，表面原子比例急遽增加，表面效應將不可忽視。表面原子數目增多、原子配位不足及高的表面能，使得這些表面原子具有高的活性，極不穩定，很容易與其他原子結合，例如：金屬的奈米粒子在空氣中會燃燒，無機奈米粒子曝露在空氣中會吸附氣體，並與氣體進行反應。

三、奈米光觸媒

　　隨著環保意識的抬頭，生產對環境友善的「綠色產品」成為世界潮流的新趨勢。「光觸媒」正是目前備受矚目的一種「奈米級綠色產品」，在「抗菌」、「防汙」、「除霧」、「脫臭」與「淨水」等領域帶來極大的商機。

　　「觸媒」(Catalyst)是一種促進或催化化學反應進行，但反應前後不會消耗的特定化學物質。而「光觸媒」(Photocatalyst)是要在光照的環境下吸收足夠的能量，才會產生催化作用，以刺激化學反應進行，基本上黑暗中光觸媒是不會作用的。

　　對於目前常見的光觸媒材料二氧化鈦(TiO_2)而言，它需要的光是紫外光，其能量必須大於 3.2 個電子伏特(eV)，因為光能和波長成反比，也就是波長要小於可見光的範圍，才能刺激光觸媒進行光化學反應。光觸媒的反應機制如圖 1-28 所示：光觸媒照光後形成電子與電洞對，電子和氧分子產生氧負離子自由基($\cdot O_2^-$)，電洞與水分子產生氫氧自由基($\cdot OH$)，氧負離子自由基($\cdot O_2^-$)具有極強的還

原能力，而氫氧自由基($\cdot$OH)有極強的氧化能力，光觸媒反應就是利用這些自由基進行其他氧化還原反應，促進其他化合物的分解，而且分解出來的產物對環境無害，所以是一種綠色商品。

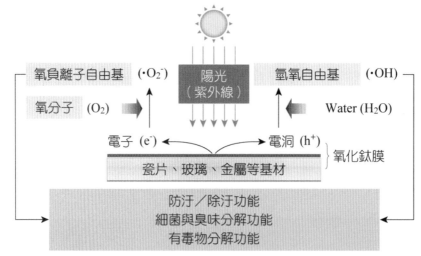

❷ 圖 1-28　光觸媒原理

　　將光觸媒的粉體奈米化後和一般粗大的粉體有何差異？可以下列幾個方向來思考：

（一）比表面積效應

　　光觸媒顆粒變小時，比表面積會隨之增加，5nm 的二氧化鈦與 53nm 粉體相較，比表面積約大了 40 倍。而光觸媒須靠表面來接受光照射，以產生電子電洞對，當比表面積增大時，光觸媒接受光照的機會隨之增加，可提高光觸媒反應效率。

（二）有效電子與電洞產生量

　　光觸媒受光照射後產生的電子及電洞對，若無法有效分離，二者會再度結合，便無法與水和氧產生自由基。當光觸媒粉體奈米化後，

所產生的電子與電洞移到粉體表面的距離及速度都優於一般顆粒，因此易於與水和氧產生自由基，故可增加有效電子與電洞產生量。

（三）材料透明度

當二氧化鈦光觸媒為奈米級時，因其高能隙且不吸收可見光特性，分散在液體中將呈無色透明的狀態。因此當採用此材料塗覆於基材時，將不會遮蔽原有材料的顏色。

（四）材料加工性

光觸媒材料奈米化後，經過適當加工處理，可穩定懸浮及分散於溶液中，避免光觸媒沉降或凝固現象，可提高加工的方便性，改善被加工成品的均勻性及穩定度。

因此，由光觸媒本身特性、應用效能及作業性來考量，奈米化光觸媒成了必然趨勢。

四、光觸媒的應用

2004 年 SARS 風暴後，人們對衛生安全觀念的提升讓奈米光觸媒受到極大的矚目，它到底有何神奇之處呢？下列介紹幾種用途：

（一）抗菌

光觸媒磁磚抗菌建材是由日本東陶(TOTO)公司最早實用化，先將磁磚上釉料後，把含二氧化鈦微粉的漿料噴塗於磁磚上再加熱燒結，使光觸媒固定於磁磚表面，實驗發現經 1000 流明的紫外光照射 1 小時後，對於大腸桿菌、綠膿桿菌的滅菌效果達 99.9%，且不僅是磁磚上的細菌減少，連空氣中的細菌也明顯變少，可用於醫院或浴廁。

(二)空氣清淨

圖 1-29 為國內某大家電品牌所推出的光觸媒冷氣機,將光觸媒燒附於不鏽鋼網上,再經紫外燈的照射,濾網就具有光觸媒效果,能除去揮發性有機物,也可分解一些帶臭味的氣體,例如:氨、硫化氫、乙醛與苯乙烯等。

❷ 圖 1-29　光觸媒冷氣機

日本神奈川縣、千葉縣等地方將光觸媒塗鋪在道路上,利用陽光照射,產生光觸媒反應,可將汽機車所排的氮氧化物(NO_x)及硫氧化物(SO_x)分解成硝酸根及硫酸根,當下雨時這些離子就被水沖走,可淨化空氣、降低空氣汙染。

(三)水質淨化

光觸媒在水質淨化方面的最初應用是汙水排放處理,汙水中若含有機氧化物又未經處理就排放,將會汙染地下水源,北美及歐洲地區的飲用水源大多來自於地下水,若地下水遭汙染,將造成極大的問題。三氯乙烯及四氯乙烯是地下水中常見的有機氧化物,是屬於難分解的有機物質,將塗布了光觸媒的陶瓷塊置於水中,經太陽光或紫外光照射後產生光觸媒反應,能分解三氯乙烯及四氯乙烯。

　　現也有許多研究團隊及業者發表光觸媒應用於飲水機上的研究，一般家用飲水機是利用過濾原理，以濾布、矽藻土、陶瓷、活性碳等可將較大物質過濾掉，但濾材沒有抗菌效果，易孳生細菌，反而成為細菌溫床。至於逆滲透型的濾水器，不但有淨水速度慢及廢水排放問題，且一樣無法抑菌。反觀含有光觸媒的淨水器，則具抗菌效果。

（四）自我清潔及防霧

　　塗布光觸媒的物品在天然或人工的紫外光照射下，除了有分解油汙的效果外，尚會產生特殊親水性功能。當建築物外牆或玻璃塗布光觸媒後，經過自然日曬，外牆或玻璃會產生親水性。當有灰塵或油汙沾附時，會沾附在水膜上，下雨時便可藉由雨水的力量沖去原先沾附於外牆及玻璃表面的灰塵或油汙，而達到自潔的效果，如此即省去委託清潔公司清潔的費用。

　　光觸媒若塗布於汽車兩旁的側視鏡上，可形成親水性水膜，使光線不會不規則散射，增加雨中行車的安全性，若塗布在浴室的盥洗鏡上也一樣可形成親水性水膜，使人可清楚看見鏡中影像，如果能善加利用，將帶給人類生活更多便利。

五、奈米科技的應用

　　「奈米科技」激發人類對於微小物質的好奇心外，也造成一股「至善盡小」的追求風潮。奈米科技由製作奈米材料開始，然而如何將奈米材料組合及排列於奈米元件上，以發揮既往元件無法比擬的特色，是奈米科技研發的目標。下列介紹一些奈米科技在日常生活的應用：

（一）包裝材料

塑膠袋是我們生活上常用的物品，但因緻密性不足，空氣會流通，若將奈米黏土顆粒混在塑料中，成型後的塑膠袋孔隙將被奈米黏土堵塞，提高塑膠袋的密封性，可隔絕水氣及氧氣，作為保鮮袋。

（二）金屬觸媒

過去「金」一致被認為是活性低的鈍性物質，不易參與反應，但奈米化後的金卻對一氧化碳、氫氣與臭氧等氣體有高度活性，在室溫中即可與上述氣體產生反應，快速將一氧化碳轉換成二氧化碳，故可將奈米金作為防毒面具及空氣清淨濾網材料。

（三）奈米纖維

纖維是常見的製衣材料，若在纖維中添加二氧化鈦光觸媒顆粒，將其製成衣服，則具有抗菌與除臭功能，且光觸媒須吸收紫外線才能反應，因此具有紫外線遮蔽作用，是良好的夏日防曬織物材料。

較能與「發熱」概念連結的，是在衣物纖維中加入遠紅外線陶瓷成分，例如碳化鋯和氧化鋯，其能反射人體發射出的遠紅外線，同時將可見光轉換成遠紅外線並釋放熱能，可有效讓體表溫度上升2~3℃。

（四）奈米化妝品與保養品

日本的化妝品公司在雲母粉表面包覆一層厚約 90~100nm 的二氧化鈦，形成珠光粉體，添加於粉底霜內（如圖 1-30），在陽光照射下，會反射出帶有紅色效果的漫射光，使皮膚看起來透明有光澤。

　　皮膚的結構由外至內可分為三層：表皮層、真皮層與皮下組織。表皮最外層是角質細胞，還有一層不透水的油脂膜，所以皮膚基本上是不透水的。由於皮膚是疏水性，且角質細胞間隙不到100nm，所以外界物質不易進入皮膚內，像膠原蛋白或玻尿酸等大分子是無法滲透到皮膚裡層的，充其量只能提高角質的含水量，達到保濕效果。真皮層的狀態決定了皮膚的彈性與張力，如果其結構因老化而日趨鬆散，肌膚便會出現皺紋。所以凡是號稱有抗老化和除皺的成分，都必須進入真皮層才能發揮作用。

　　目前已有多家化妝品公司以微脂粒(Liposome)作為載體，微脂粒結構如圖 1-31 所示，是由磷脂質(Phospholipid)或卵磷脂(Lecithin)聚集合成的微膠囊空心球，其雙層膜結構與細胞膜接近，內層包覆親水性(Hydrophilic)物質，外層包覆脂溶性(Hydrophobic)物質，可運送水溶性及脂溶性物質。目前技術能製造出 20~100nm 的粒徑，微脂粒的包覆作用不但可防止易被氧化的保養品成分如維生素 C 及 E 遭到破壞，還可輕易的穿過表皮細胞間隙、毛囊或汗腺，將養分帶到肌膚裡層。

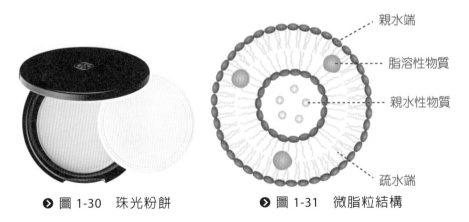

親水端

脂溶性物質

親水性物質

疏水端

❷ 圖 1-30　珠光粉餅　　　　　❷ 圖 1-31　微脂粒結構

1-6 材料科技與 3D 列印

3D 列印(3D Printing)是近來很夯的名詞,因為 2012 年美國歐巴馬總統宣布將 3D 列印技術列為美國製造業未來重要的發展方向之一,使得全球各地開始關切 3D 列印,其實美國材料和試驗協會(ASTM)已於 2009 年將 3D 列印正名為積層製造(Additive Manufacturing, AM);傳統材料加工是一種去除的方式,如車床的車削技術,將大件塊材切除掉不要的部分、留下所要的部分,即為成品,而 3D 列印則是與去除加工的方法相反,基於三維數位模型,採用逐層製造的方式將材料結合起來,早期 3D 列印稱為快速原型法(Rapid Prototyping, RP),是在產品開發時,先製造出一個塑膠模型樣品,讓業主先觀看,當業主同意後,才進入生產,後來發展出製造限量公仔,才正式導入生產用途,目前透過積層製造技術生產產品的量仍然不多。

積層製造的流程是先透過電腦輔助設計(CAD)或電腦動畫建模軟體建模,再將建成的三維模型「分割」成逐層的截面,進而指導印表機逐層列印。ASTM 將 3D 列印分成七大類,說明如下:

1. **材料擠製**(Material Extrusion):又稱為熔融沉積成型(Fused Deposition Modeling, FDM),透過加熱擠壓方式成型,將熱塑性高分子升溫到高於玻璃轉移溫度後擠壓成型,再降溫後固化成型。

2. **層狀物體製造**(Laminated Object Manufacturing, LOM):印製過程相當類似點陣式印表機的列印方式,點陣式印表機利用撞針打到色帶上,色帶再打到紙上將墨轉印;而 LOM 則是將色帶換成塑料薄膜、撞針替換成雷射或刀具,利用雷射或刀具將塑料薄膜切成所需形狀,再一層層使用膠水黏貼,堆出立體物件。

3. 光固化(Vat Photopolymerization)：它是一種用光照射液態樹脂，讓樹脂一層一層硬化成型的製造方式，此技術是最早註冊專利和商業化的技術。常見的光固化技術有兩種，依照光來源種類與照射方式的不同，可分為立體平板印刷(Stereolithography Apparatus, SLA)、數位光處理 (Digital Light Processing, DLP)兩種技術。SLA 技術是透過紫外線(UV)聚焦照射在樹脂上，對光線敏感的樹脂經過光照後會固化，是一種光刻的方式，就像用光來繪製固體；完成單層的成型後，工作平臺會下降一層，重新浸泡在樹脂槽中，不斷重複這個程序，直到完成零件成型。DLP 原理類似 SLA，主要差異為光源是透過投影方式，將光投射到光聚合樹脂上。

4. 粉末床熔融(Powder Bed Fusion, PBF)：是一種將原料粉末平鋪在機器平臺上，利用熱能來燒結粉末，讓粉末黏在一起成型的技術。又細分成選擇性雷射燒結(Selective Laser Sintering, SLS)及選擇性雷射熔融(Selective Laser Melting, SLM)，主要差別在於 SLS 不會將原料完全熔化，主要是除粉體原料外，還會有黏著劑存在，透過雷射照射後，黏著劑融化而將粉末結合，比較常用於塑料。而 SLM 是直接將粉體熔化，常用於金屬材料。

5. 黏著劑噴印(Binder Jetting)：原理與粉末床技術類似，差別在噴頭不是雷射光，而是黏著劑，將黏著劑噴到粉末裡、把部分的粉末黏住，形成一層形狀後，平臺再往下移動產生新粉末層，黏著劑再噴到新粉末層，重複這個動作時，黏著劑會往下滲透，疊加誕生成品。

6. 材料噴印(Material Jetting)：製作物品的方式是一邊噴出液態的熱固性材料，一邊用紫外線光照射，讓此能量使材料固化，比起材料擠製成型更快速製造。

7. **指向性能量沉積**(Directed Energy Deposition)：是一種將粉末材料融化來製作物品的製成，使用的材料是金屬粉末，設備非常昂貴，主要是特殊噴嘴，由雷射光、粉末噴嘴與惰性氣體管所組成，原理為透過雷射光融化金屬粉末的同時，有惰性氣體保護，熔體不受外在環境影響。

目前市售的積層製造機臺依原料的不同，價格差異頗大，最常見的是以高分子材料的積層製造技術，其機臺價格在萬餘元到數十萬元之間即可量產產品。而金屬材料則可利用選擇性雷射燒結技術(Selective Laser Sintering, SLS)進行加工，或指向性能量沉積(Directed Energy Deposition)，但受限於金屬粉末顆粒的大小、機臺噴嘴大小與雷射光的能量，目前機臺價格不斐，需數百萬、甚至上億臺幣，不是一般企業所能負擔的，這也是目前積層製造技術仍無法成為製造業主流加工方式的原因。而陶瓷材料的積層製造技術則是目前學研界所努力研發的方向，主因是陶瓷的熔點很高，無法快速固化，現行方法是將陶瓷顆粒和高分子材料結合，高分子材料作為黏著劑，可將陶瓷材料先定型，再透過高溫燒結而成型。

圖 1-32 為 SLA 技術所製之落葉項鍊，除可直接當成成品配戴外，也可將其透過包埋及鑄造的技術製成金飾項鍊。

❷ 圖 1-32　SLA 技術所製之落葉項鍊

1-7　當前新材料的發展方向

　　材料是人類賴以生存和發展的物質基礎，人類的進步對材料不斷提出新的要求，而現今人類正面臨一場新科技革命，需要越來越多的品種及性能獨特的新材料，下面簡要介紹當今社會對開發新材料的要求方向：

1. **結構與功能相結合**：要求新材料不僅能作為結構材料使用，而且具有特殊或多種功能，例如開發中的梯度功能材料(Functionally Gradient Material, FGM)及仿生(Mimetics)材料。

2. **智慧化**：要求材料本身具有感測(Sense)、自我調節與反饋(Feedback)的能力，即具有敏感和驅動的雙重功能。

3. **減少汙染**：當前國際上在開發、研究新材料時，除考慮材料的性能外，同時也注意到環境保護(Environment Protection)。近年來提出生態材料(Ecomaterial)的概念，生態材料是一種指導性原則，指導人類在開發那些具有良好性能及功能的新材料時，要能與生態協調，也就是在研究材料時須有環境保護概念。

4. **可再生**：是指一方面可保護和充分利用自然資源，另一方面又不為地球積存太多的廢物，而且能再次利用。

5. **節省能源**：製造材料時耗能盡可能少，同時又可利用新開發的能源。

6. **長壽命**：要求材料能長期保持其基本特性、穩定可靠，用來製造的設備和元件能少維修或不維修。

　　以上是對於新材料開發或研製時的總體要求，實際上要同時滿足以上的要求是很難的，一般總是以盡可能滿足這些要求為原則。

習 題

一、選擇題

( ) 1. 人類文明史上使用的各種材料中：(1)陶器；(2)石器；(3)鐵器；(4)銅器，其出現的先後順序為何？ (A)(1)(2)(3)(4) (B)(1)(2)(4)(3) (C)(2)(1)(3)(4) (D)(2)(1)(4)(3)。

( ) 2. 下列有關於金屬材料的說明何者有誤？ (A)兩種以上的金屬混合成一種金屬稱為合金 (B)鋼是一種鐵碳合金 (C)黃銅是一種銅錫合金 (D)不鏽鋼是在鋼中添加鉻，能夠在鋼的表面形成一層緻密氧化膜來保護鋼不受到腐蝕。

( ) 3. 高分子材料中添加鄰苯二甲酸二丁脂(Dibutyl Phthalate, DBP)的功能為何？ (A)預防聚合反應過早發生 (B)可增加聚體分子的彈性及柔軟度 (C)讓聚合物可以形成三度空間的網狀結構 (D)讓粉劑中過氧化物可以在室溫分解而讓聚合反應發生。

( ) 4. 高分子材料中的填料粒子和基底樹脂間須利用何種添加劑來提高兩者的鍵結性？ (A)塑化劑(Plasticizer) (B)潤滑劑(Lubricant) (C)耦合劑(Coupling Agent) (D)交聯劑(Cross-Linking Agent)。

( ) 5. 下列材料中，何者較近似人類骨骼？ (A)三氧化二鋁(Al_2O_3) (B)氫氧基磷輝石($Ca_{10}(PO_4)_6(OH)_2$) (C)矽酸鈣($CaSiO_3$) (D)二氧化鋯(ZrO_2)。

( ) 6. 有陶瓷鋼鐵之稱的是哪一種陶瓷材料？ (A)Al_2O_3 (B)MgO (C)SiO_2 (D)ZrO_2。

（　）7. 下列何者非貴金屬材料？　(A)金(Au)　(B)鉑(Pt)　(C)鈀(Pd)　(D)鈦(Ti)。

（　）8. 下列貴金屬中，何者並非是常見的飾品材料？　(A)銀(Ag)　(B)金(Au)　(C)鉑(Pt)　(D)鋨(Os)。

（　）9. Ni-Ti 合金在其組成比例為何時具有形狀記憶功能？　(A)Ni：40wt%，Ti：60wt%　(B)Ni：45wt%，Ti：55wt%　(C)Ni：50wt%，Ti：50wt%　(D)Ni：55wt%，Ti：45wt%。

（　）10. 下列各種不鏽鋼中，何者含錳金屬？　(A)440C　(B)316L　(C)204L　(D)17-7PH。

（　）11. 高熵合金至少需要有幾種以上的合金所組成？　(A)2　(B)3　(C)5　(D)6。

（　）12. 下列何者非氧化鋯的相穩定劑？　(A)三氧化二鋁(Al_2O_3)　(B)氧化鈣(CaO)　(C)二氧化鈰(CeO_2)　(D)三氧化二釔(Y_2O_3)。

（　）13. 依照 ASTM 的分類，3D 列印技術分成幾大類？　(A)3　(B)5　(C)7　(D)9。

（　）14. 哪一種 3D 列印技術最早出現於市面？　(A)材料擠製　(B)材料噴印　(C)光固化　(D)粉末床熔融。

二、問答題

1. 材料對人類生活有何影響？

2. 根據阿爾弗雷德・諾貝爾(Alfred Nobel)的遺囑所成立的諾貝爾獎，每年會頒發哪些獎項？

3. 結構材料與功能材料有何不同？

4. 何謂智慧材料？並舉一例子說明。

5. 何謂奈米？材料奈米化後對性質有何影響？

6. 何謂觸媒？何謂光觸媒？二氧化鈦光觸媒抗菌、除臭原理為何？

7. 常見的金屬材料有哪些？有何用途？

8. 常見的高分子材料有哪些？有何用途？

9. 常見的陶瓷材料有哪些？有何用途？

10. 何謂半導體材料？有何用途？

11. 請說明材料學家所定義的玻璃和一般人對於玻璃的認知有何差異？一般人所稱之玻璃主要原料為何？

12. 請說明 LED 發光原理。

13. 寫出下列各高分子材料的英文代號：(1)聚乙烯；(2)聚氯乙烯；(3)聚四氟乙烯；(4)聚苯乙烯。

14. 請說明何謂積層製造(Additive Manufacturing, AM)，其原理為何？

15. 請說明部分安定氧化鋯韌化陶瓷材料的原理。

參考文獻

1. 呂宗昕，《圖解奈米科技與光觸媒》，商周，2003。

2. 李言榮、惲正中，張勁燕校訂，《材料物理學概論》，五南，2003。

3. 馬振基，《奈米材料科技原理與應用》第三版，全華，2017。

4. 曹茂盛、關長城、徐甲強，楊緒文校閱，林振隆審訂，《奈米材料導論》，學富文化，2002。

5. 陳軍、袁華堂，《新能源材料》，五南，2004。

6. 陳皇鈞譯，《材料科學與工程，下冊》，曉園，1989。

7. 葉均蔚、陳瑞凱，《科學發展》，第 37 期，第 16-21 頁，2004。

8. 堯康德、成國祥主編，張勁燕校訂，《智慧材料》，五南，2003。

9. 劉國雄、鄭晃忠、李勝隆、林樹均、葉均蔚，《工程材料科學》第二版，全華，2013。

10. 黃振賢，《機械材料》第二版，新文京，2004。

11. 賴高延，《高亂度合金微結構及性質探討》，國立清華大學材料科學與工程學系碩士論文，1998。

12. 蘇金豆，《科技與生活》第五版，新文京，2017。

13. 蘇順發，《科學發展》，第 483 期，第 12-17 頁，2013。

14. M. H Chuang, M. H. Tsai, W. R. Wang, S. J. Lin and J.W.Yeh, Acta Mater., 59, 6308-17,2011.

15. A. R. S. Gustavo, M. Atsunobu, H. Yuji, I. Hiroyuki, Y. Yutaka, M.Teruyasu, U. Takumi, O. Kohei, K. Katsuyoshi and W. Yasuhiro, Sci. Rep., 5, Article number: 15233 doi:10.1038/srep 15233, 2015.

16. 諾貝爾獎辦公室網頁 (The Official Web Site of the Nobel Prize)，http://www.nobelprize.org/。

17. 印酷網，https://trello.com/b/xXskv0NI/。

18. IUPAC 網站，https://iupac.org/what-we-do/periodic-table-of-elements/。

CHAPTER
02

科技與美容保健

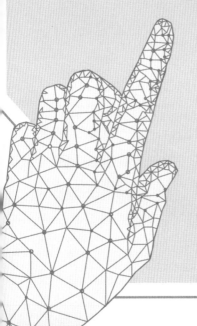

2-1 美容保健的意義

絕大部分的人都想擁有如名模般亮麗的外表與運動家強健的體魄，但除了先天基因決定之外，更有賴後天的調養。然而現代社會大眾忙於工作、缺乏時間運動與飲食習慣不佳，因此，只要經濟狀況允許，便會購買任何可以美化容貌與增進健康的商品，進而造就了可觀的商機。坊間的美容保養品與健康保健用品不可勝數，讓人眼花撩亂不知如何選擇。如果沒有依據自己身體的狀況，只聽信推銷員單方面的訊息，就採購了一堆美容保健用品，浪費了金錢事小，賠上健康才是得不償失，例如所謂的「保力胺事件」（以豬飼料充當健康食品出售）與「減肥菜慘劇」（導致食用者死亡或器官衰竭）等案例，因此具備美容保健的基本認知更加重要。

皮膚所顯現的狀況正可以反應自身的健康情形，因為健康的皮膚可以保護身體免於外在汙染物接觸所造成的傷害。皮膚的組成由外而內分為表皮層(Epiderm)、真皮層(Dermis)與皮下組織(Subcutaneous Tissue)。角質層(Corneallayer)位在表皮層外側，除了多為老死細胞，也含有天然保濕因子(Natural Moisturizing Factor, NMF)的成分，能使整體皮膚的濕度保持約 10%，pH 值約 4.0。角質層的代謝週期約為兩週。

皮膚對人體的功能主要有兩方面，其一是保護人體內部器官，免於遭受外部機械性與化學性等來源的傷害，其二是防止體內電解質、營養物質和水分的流失。真皮層中有膠原纖維和彈力纖維，並與皮下組織共同形成一個完整的構造，它堅韌、柔軟，具有張力和彈性，故皮膚對外界的機械性刺激，諸如摩擦、牽拉、擠壓與衝撞等，有一定的防護能力，並能迅速地恢復正常狀態。

　　皮膚是電的不良導體，它對低電壓電流具有阻抗能力。保護作用主要位於角質層，如果去掉角質層，則真皮及皮下組織成為電的良導體，會嚴重削弱皮膚對電損傷的防護能力。

　　角質層對各種化學物質有某種程度的抵擋作用，又皮膚表面的氫離子濃度對酸、鹼有緩衝能力。皮膚表面偏酸性，可以與病菌對抗，一般直徑在 200nm 的細菌，以及直徑約為其 1/2 的病毒，在正常情況下都不能進入皮膚內。皮膚除了汗腺、皮脂腺分泌和排泄、角質層水分蒸發與脫屑外，一般營養物質及電解質等都不會透過皮膚角質層而喪失。所以若將表皮全部去掉，則保護作用就會完全消失，營養物質、電解質和水分也會大量流失。

　　影響我們皮膚健康的兩大因素為：

一、內部生理變化

（一）飲食

　　均衡的營養（即醣類、脂肪、蛋白質、礦物質和維生素等五大營養素）與充足的水分可保持皮膚的健康，當營養不足或不均衡時皮膚就會出現問題。由於現代人的飲食習慣產生巨大變化，如外食比率增多（油炸食物與重口味等）、農藥、生長激素的使用與精緻美食（如圖 2-1）等問題，影響健康甚鉅值得吾人深思。

（二）睡眠

　　充足的睡眠會讓肌膚顯得水潤飽滿，根據報導，每天最晚不要超過 11 點就寢，讓身體的新陳代謝發揮作用，可以使我們的身體與肌膚更健康。

❷ 圖 2-1　精緻美食

（三）內臟與膚色

決定皮膚顏色的色素有四種，包括表皮層的黑色素、胡蘿蔔素、真皮層血管內的氧化血紅素與還原態血紅素。而小血管的擴張與否以及血紅素的比例也可能影響一個人的膚色。皮膚顏色（尤其臉部）可以告訴我們身體的健康狀況，大概分成白色（貧血）、黃色（肝功能）、紅色（興奮）、黑色（腎功能）與紫色（代謝）等，這些都與內臟功能有相當大的關聯性。

（四）老化

隨著年齡的增長，身體機能與皮膚會開始退化與老化，而皮膚又較身體機能更易察覺到改變。當然，老化的年齡因人而異，大致是先天與後天因素。先天是父母遺傳基因，無法改變，後天不外乎生活習慣與環境汙染。因此要保持皮膚健康需從後天的努力來著手，如保持良好的生活習慣（減少體內自由基的濃度）、心情愉

快、不吸菸、不酗酒、不熬夜與懂得釋放情緒等，如此一來每天都
是充滿活力的一天。

（五）情緒

　　現代人處於壓力的時代，學業、工作、生活與人際關係等壓力
無所不在，壓力如果無法排解就會使得身體失去平衡，處於不正常
狀態，有害健康。因此，懂得抒解壓力是吾人需要學習的。臉部上
的肝斑、痔瘡與剝脫性脣炎通常與情緒因素有關，適度的運動與休
閒活動，如看電影、逛街（圖 2-2）或養寵物（圖 2-3）等能有效
抒解壓力。

❯ 圖 2-2　逛街

❯ 圖 2-3　養寵物

二、外部環境影響

（一）衛生習慣

　　良好的衛生習慣能保持身心愉悅，避免環境中孳生細菌、真菌與寄生蟲，減少病變上身。臉部定時並徹底清潔一定比偶爾清潔的皮膚狀況更健康，尤其年輕女性有化妝的習慣，更需要徹底做好卸妝與清潔保養。

（二）化妝品

　　化妝品的殘留會阻塞毛細孔，嚴重則會引起過敏，因此卸妝的步驟要做徹底，一般正確卸妝的順序是先從眼部再脣部而後臉部。卸妝洗臉方法需要配合按摩，讓彩妝品能與卸妝劑中的油分充分融合，才能事半功倍地完全卸妝，使彩妝易於脫離表皮。且另外按摩亦有助於毛孔裡的汙垢與廢物浮出，使油汙與殘妝等得以順利去除。

（三）季節變化

　　皮膚的狀況會因為四季中空氣的溫度與濕度產生變化。在春夏之間會隨溫濕度上升，血液循環和新陳代謝變快，皮脂腺體會分泌較多的皮脂，因而造成阻塞、產生粉刺與面皰。秋冬之際，溫濕度下降，使得皮膚機能衰退，變得乾燥，易出現乾裂與凍裂現象。因此皮膚的保養也要隨著季節有所改變。

（四）陽光

臭氧層的破壞使得地表紫外線量不斷增加，造成全球罹患皮膚癌的人數與日俱增。紫外線依波長可分為 UVC(200~280nm)、UVB(280~320nm) 與 UVA(320~400nm)。UVC 對生物危害最大，但在臭氧(O_3)層幾乎全被吸收；UVB 會使皮膚灼傷導致皮膚癌、白內障及破壞免疫系統；UVA 易造成古銅色皮膚，但過度曝曬會增加黑色腫瘤罹患率。由於紫外線會穿透雲層，所以不僅大太陽的日子要加強防曬，平時白天也要做好防曬準備（圖 2-4）。

● 圖 2-4　記得防曬

（五）環境汙染

工業化社會造成空氣中的微粒子（粉塵）與化學物質（汽機車廢氣、二手菸（圖 2-5、2-6））的汙染，另外花粉的擴散也有可能引起皮膚或呼吸系統的過敏，而酸雨則是直接傷害皮膚與毛髮。飲用水雖然都經過水公司的處理，但由於區域不同，水的品質也不同，有些家庭甚至會自己裝設處理設備，有人則可能直接買水來飲用。

❯ 圖 2-5　空氣汙染　　　　　　　❯ 圖 2-6　汽機車廢氣

　　根據衛生福利部一份「消費者對誇大不實食品廣告認知調查」顯示，一般消費者所認知的內涵與如何讓自己達到美容保健的方法如下：

（一）女性一般都以美容為主，不外乎為外在美白、塑身及減肥，或內在的排毒及補血。25~39 歲女性較偏好自己多方蒐集資訊及購買材料 DIY，值得注意的是，在 25~39 歲女性受訪者當中，有一位是孕婦，並且在過去六個月當中購買及使用過美容保健產品，顯示一般孕婦仍可輕易在貨架及坊間購買業者的產品並服用。40~54 歲女性則靠相關的產品來保養。

（二）男性則主要以保健為出發點，重視保肝、明目、降膽固醇或血壓血脂，值得注意的是 40~54 歲男性普遍對性功能方面皆有嘗試性的心態及高度的興趣，依靠食補或藥酒來增加性功能，購買前曾主動蒐集相關資訊。25~39 歲男性則較偏向以運動及戶外休閒達到保健效果。

　　以上的調查結果呈現一般大眾對美容保健的認知，若要健全這些觀念真的是需要教育與政府的宣導。美容保健產品依材料來源約略分成二類：一來自於自然界動植物利用溶劑（水或有機溶劑）直接萃取提煉，二是應用化學方法合成。來源雖然不同，但是都要經過人工手法加以精煉純化，做成成品時還要加入各種保持產品品質均一的添加物。目前科學家雖然尚未有任何顯著的證據可闡述二者中何者較具效果，何者較具安全性，但建議以自然界來源為原則。

　　美麗的外觀與健康的身體不能一昧靠化妝品與保健食品，擁有正確的觀念並且確實的實施更是重要（圖 2-7、2-8）。但如果時間沒有辦法配合那就更要審慎小心來選擇適合自己體質的產品。

❷ 圖 2-7　均衡的飲食習慣

❷ 圖 2-8　適當的休閒活動

2-2　美容保養品

　　一般對美容的認知就是使用化妝品(Cosmetic)來修飾外表與保養肌膚，根據我國《化妝品衛生安全管理法》（107 年 4 月 10 日立法院三讀通過《化妝品衛生管理條例》部分條文修正草案，更改為此名）對化妝品的定義為：「指施於人體外部、牙齒或口腔黏膜，用以潤澤髮膚、刺激嗅覺、改善體味、修飾容貌或清潔身體之製劑。但依其他法令認屬藥物者，不在此限。」凡是符合上述定義者皆可稱為化妝品，依照官方的分類有：1.洗髮用化妝品類、2.洗臉卸妝用化妝品類、3.沐浴用化妝品類、4.香皂類、5.頭髮用化妝品類、6.化妝水／油／面霜乳液類、7.香氛用化妝品類、8.止汗制臭劑類、9.脣用化妝品類、10.覆敷用化妝品類、11.眼部用化妝品類、12.指甲用化妝品類、13.美白牙齒類、14.非藥用牙膏、漱口水類，共 14 種之多，其種類包羅萬象，非常繁雜。但業界的分類則是依照使用目的與消費者習慣，只分成六大類如下：1.基礎化妝品（保養化妝品）、2.彩妝用化妝品、3.頭髮用化妝品、4.清潔用化妝品、5.芳香製品與 6.特殊目的用化妝品。

　　市面上的化妝品種類繁多（圖 2-9），用來製造化妝品的原料也相當複雜，所以我們將簡單地介紹各種組成化妝品的原料、成品的功能及使用。對於原料有一定的認識後，才能選擇出適合我們的化妝品。由於化妝品是使用在人體皮膚上，因此原料的選擇需考慮以下條件：

1. **安全性**：不會引起肌膚任何不適與副作用為原則。

2. **穩定性**：不容易變質。

3. **功能性**：符合特定使用的目的，如清潔、美白等效果。

4. **不含異味**：不能造成使用者不舒服。

● 圖 2-9　各式各樣化妝品

一般而言，化妝品原料的基本架構可分為三大類：

1. **基礎劑**：疏水性油脂蠟用於保養品、親水性保濕劑用於保養品、界面活性劑用於清潔製品與不溶性粉體用於彩妝製品。

2. **賦型劑**：乳化劑、溶化劑與高分子增稠劑等。

3. **添加劑**：抗菌劑（防腐劑與殺菌劑）、抗氧化劑、香料、色料與活性成分（保濕劑、美白劑、防曬劑、除皺劑與動植物萃取液等）。

除了水以外，大部分的化妝品須靠界面活性劑(Surfactant)的幫忙，將油性與水性的成分調配成溶液狀態發揮功能，而界面活性劑在化妝品中主要功能有：

1. **穩定劑型**：可以降低油水的界面張力，減少油水分離的風險。

2. **擔任主劑**：在清潔用品中發揮去汙垢的功能。

要成為界面活性劑的基本條件有：

1. 同時具備親水基(Hydrophilic Group)與疏水基（或親油基）
   (Lipophilic Group)。

2. 分子量要夠大（至少要 200）。

3. 親水基與疏水基的分子量要平均，才能同時降低親水性與親油
   性原料的界面張力。

　　界面活性劑在化妝品中使用的種類有：

1. **陰離子型**：具有清潔作用。

2. **陽離子型**：具有殺菌、防霉、柔軟、潤滑與抗靜電等作用。

3. **兩性離子型**：毒性較小，在不同環境顯現不同作用，在鹼性下
   具有清潔與起泡作用；在酸性下具有殺菌、潤滑與抗靜電等作
   用；在中性時則有泡沫安定與增稠作用。

4. **非離子型**：具有溶解、潤濕與乳化等作用。

　　另外，活性成分原料則是指具有特殊功能（如保濕、美白與甚
至具有療效的藥物等）的原料，具有許多的來源，如植物性、動物
性與生化製劑等。

　　目前市售化妝品中，特別加入具有療效的藥物元素也稱為醫學
美容保養品或藥妝品(Cosmeceutical)，又稱含藥化妝品（特定用途
化妝品）、醫療保養品，須控管成分的濃度，有其效果，但無法和
藥品比擬。藥妝品此字雖於 1963 年即出現，但真正廣為使用是到
1993 年後，因果酸類產品之風行，才由美國賓州大學皮膚科教授
Albert Kligman 再次倡用。藥妝品逐漸受到消費者的歡迎與信賴，
因為功效明確、產品成分、濃度與作用機制都有醫學學理上驗證，
也有詳細醫療專業的使用建議，為美容保養品一個重要項目。

　　依據美國市場研究機構 KLINE ＆ COMPANY 的資料顯示，近幾年全球醫美市場總額上看 1500 億美元，醫美產業已成為僅次於航空業和汽車業的全球第三大產業，全球醫美市場以歐洲為最大的區域，其次為亞洲，在中國大陸，每年預估有 20~30%的成長率，光是在臺灣，醫學美容保養品市場便以每年 9~15%的速度持續成長。

　　藥妝品必須經由衛生福利部核准後才能上市販售，商品上都要標示合格字號以示負責，例如：

1. **國產含藥化妝品**：衛部妝製字第 0000 號。

2. **進口含藥化妝品**：衛部妝（陸）輸字第 0000 號。

　　以上許可證有效期限 5 年，每次延長不得超過 4 年。

　　藥妝品的功效多是針對特殊需求，例如：保濕、美白、防曬、抗氧化與抗老化等功能，至於其中的成分與來自專櫃或開架式保養品並無太大差異，只有濃度的差別。專櫃或開架式保養品的產品較溫和細緻，消費者在使用上著重安全性、穩定性與品牌；而藥妝品著重醫療效果，依產品的主要療效，分類如表 2-1 至表 2-6。（摘錄《臺肥季刊》第四十七卷第三期〈醫學美容保養品市場展望〉）

表 2-1　保濕保養品成分與原理

保養成分	作用原理	其他可能功效
玻尿酸 (Hyaluronic Acid, HA)	為一種透明的膠狀體，具有 500 倍的吸水力，可瞬間深層保濕、增加皮膚彈性與張力，有助恢復肌膚正常油水平衡，改善乾燥及鬆弛皮膚。一般保養品濃度約為 1~5%。	生醫材料、除皺。
膠原蛋白 (Collagen Peptide)	存在真皮層裡，是纖維母細胞製造出來的纖維狀蛋白質，具有良好的支撐力，它的角色就像撐起皮膚組織的鋼筋架構，能讓皮膚看起來豐潤。一般保養品濃度約為 1~5%。	生醫材料、抗老化及除皺。
納豆 (Natto)	會產生大量聚麩胺酸，具超強保濕能力，在肌膚表面形成薄膜，鎖住水分，能讓肌膚恢復彈力與緊實，撫平細紋及預防自由基形成，延緩老化。	食療功效：有改善便祕，降低血脂，預防大腸癌、降低膽固醇、軟化血管、預防高血壓和動脈硬化；清除體內致癌物質、提高記憶力、護肝美容、延緩衰老；調節腸道菌群平衡，預防痢疾、腸炎和便祕，緩解酒醉等功效。

表 2-2　去角質保養品成分與原理

保養成分	作用原理	其他可能功效
果酸 (Alpha Hydroxy Acid, AHA)	能溶解壞死細胞之連結鍵，進而促使角質層脫落，並刺激深層細胞的分化再生，加速皮膚的汰舊換新而改善皮膚的質感，減少臉上細微的皺紋，修護陽光損傷肌膚，具有淡化黑斑的功能。是一種很好的抗自由基體，可以保護細胞不受自由基的侵害。衛生福利部規定化妝品中含果酸及其相關成分製品 pH 值不得低於 3.5。	青春痘、淡斑和除皺治療。
維生素 A 酸 (Vitamin A Acid)	可有效抗老化、促進皮膚細胞更新，讓膚色更均勻、撫平細紋及皺紋，抗氧化、滋潤及保濕作用，延緩細胞老化的現象，使皮膚變得較光滑、柔軟、有彈性，減少細紋的產生。	青春痘治療。

表 2-3　美白保養品成分與原理

保養成分	作用原理	其他可能功效
左旋維生素 C (L-Ascorbic Acid)	可促進真皮內的膠原蛋白合成，帶給肌膚有效的除皺、美白淡斑、緊實與抗老化功效。	緊膚除皺、抗氧化及防曬作用。
熊果素 (Arbutin)	可抑制酪胺酸酶(Tyrosinase)活性來降低黑色素形成，讓肌膚白皙，並幫助淡化斑點。衛生福利部規定熊果素在保養品中濃度必須低於 7%。	尿路消毒藥。
傳明酸 (Tranexamic Acid)	又稱為止血炎，作用機轉為抑制血栓的溶解，臨床上具有止血抗炎作用，衛生福利部原核准作為凝血劑。在 2005 年時已核准外用，主要是因為外用傳明酸可阻斷變黑的最大元兇—黑色素的形成和往外傳輸到表皮細胞上。衛生福利部規定使用濃度為 2~3%。	凝血劑。

表 2-3　美白保養品成分與原理（續）

保養成分	作用原理	其他可能功效
麴酸 (Kojic Acid)	螯合皮膚內銅離子，使其無法活化酪胺酸酶，進而抑制黑色素生成達美白效果，衛生福利部規定使用濃度劑量應低於 2%。	用於皮膚疾病，如黃褐斑。
杜鵑花酸 (Azelaic Acid)	又稱壬二酸，抑制痤瘡桿菌和脂肪酸的生成，減緩角質細胞的生長，用於美白的濃度約為 20%。	青春痘、除粉刺、去角質、控油。

表 2-4　抗老除皺保養品成分與原理

保養成分	作用原理	其他可能功效
肉毒桿菌 (Clostridium Botulinum)	主要是阻斷運動神經末梢的傳導功能，選擇性使過度收縮的肌肉鬆弛，進而消除紋路。	顏面不自主痙攣、斜視與眼瞼痙攣。
凱因庭 (Kinetin)	植物生長荷爾蒙，能深入肌膚的真皮層，活化纖維母細胞，延緩並調解細胞自然老化的過程。	抗血小板聚集因子減少、血栓形成的影響。
胜肽 (Peptide)	由胺基酸所組成的小分子蛋白質，具有促進膠原蛋白增生功能，作用於纖維母細胞，抑制黑色素的美白功能，改善因肌肉收縮造成的紋路。已經被運用於保養品的胜肽，依胺基酸數目組成則有 2、3、4、5、6、7、9 等胜肽成分。 胜肽使用三訣竅：先洗臉、塗眼周、晚上抹。	2、3、4、5、6 等胜肽，皆具有促進膠原蛋白增生功能，作用位置則集中於纖維母細胞，而分子較大些的 7、9 胜肽，主要目的為抗自由基、美白、保濕、滋潤，作用於表皮層。
藍銅胜肽 (GHK-Cu)	由三個胺基酸與一個銅離子所組成，是生物體自行產生，能促進膠原蛋白生成，緊實肌膚減少細紋；增加血管生長與抗氧化能力，並刺激葡萄糖聚胺與玻尿酸產生，幫助皮膚回復自我修補的能力，並能延緩皮膚老化。	抑制落髮現象，幫助毛髮黑色素生成。

表 2-5　抗氧化保養品成分與原理

保養成分	作用原理	其他可能功效
輔酶 Q10 (Co-enzyme Q10)	是一種極易氧化的脂溶性抗氧化劑，可中和對皮膚有殺傷力的自由基，賦予細胞青春活力、緊實肌膚作用，因此可抗衰老，維持皮膚彈性。	類似維生素的養分，是為身體帶來活力的重要元素，對促進心臟健康和心肺功能有顯著功效。
葡萄籽 (Oligomeric Proantho Cyanidins)	含人體無法合成之「原花青素低聚物」(OPC)，能清除體內過多自由基。	治療攝護腺炎。使泌尿、生殖兩大系統運轉恢復，促進其達到排尿正常、性功能康復的目的。
艾地苯 (Idebenone)	由輔酶 Q10 衍生物合成轉化而來，但它的分子較 Q10 小 60%，對肌膚的穿透力更佳，因此抗氧化效果自然也更顯著。一般化妝品限用量 0.5%。	對促進心臟健康和心肺功能有顯著功效。
硫辛酸 (Alpha Lipoic Acid)	天然抗氧化劑，中和游離態自由基，減少對皮膚組織的損害，一般多使用於 1~5%。	治療急性及慢性肝炎、肝硬化、肝性昏迷、脂肪肝、糖尿病等。

表 2-6　修護肌膚保養品成分與原理

保養成分	作用原理	其他可能功效
角鯊烯 (Squalane)	可加強修補表皮，有效形成天然表皮障壁，幫助肌膚恢復皮脂間的平衡。	增強免疫系統機能及抑制腫瘤細胞生長
植物鞘胺醇 (Phytosphingosine)	能影響表皮結構、刺激超過 350 種蛋白質基因編碼表現，促進細胞新陳代謝與重新組合角質蛋白質生長過程，可緊密連結角質細胞間隙，重現緊密、柔滑、充滿光采的年輕狀況膚質。	抑制青春痘

　　上述的藥妝品原料由於具有療效，使用之前宜選擇適合自己膚質的產品，一定要先試用，以不會引起過敏現象為原則。

2-3　保健食品

　　根據衛生福利部一份「消費者對誇大不實食品廣告認知調查」的報告中顯示，一般消費者辨認食品、健康食品及藥品的方法和依據有：

1. **食品**：女性受訪者大都認為吃得飽的東西才算食品，40~54 歲男性則認為只要是單一成分的則為食品（如海藻與胡蘿蔔等）。

2. **健康食品**：受訪者大都認為成分天然，吃了能改善身體症狀且有益無害者稱為健康食品。40~54 歲男性有部分提到是否有衛部食字號，若有則屬合格的健康食品。

3. **藥品**：受訪者大都認為有治病或療效的即為藥品。40~54 歲女性認為，若有中藥成分也稱為藥品，40~54 歲男性則認為，藥品應有化學成分或衛部藥字號。

　　這份調查顯現國人對健康食品（保健食品）與藥品的分辨已有相當的認知，但是對健康食品的認知可能還是不夠。

　　臺灣《健康食品管理法》於 88 年 8 月 3 日施行後，「健康食品」(Health Foods)乙詞已成為法律名詞，在法律上之定義為「具有保健功效，並標示或廣告其具該功效，且須具有實質科學證據，非屬治療、矯正人類疾病之醫療效能為目的之食品」。目前衛生福利部認定健康食品的保健功效共計 13 項，分別為：1.調節血脂、2.胃腸功能改善、3.護肝、4.免疫調節、5.骨質保健、6.不易形成體

脂肪、7.抗疲勞、8.輔助調整過敏體質、9.調節血糖、10.延緩衰老、11.牙齒保健、12.促進鐵吸收、13.輔助調節血壓；以及其他使用類似詞句之功效。

　　日本首先於 1991 年定義「特定保健用食品：為了達成特定保健目的、而於日常膳食中所攝取的特別用途食品。」接著美國於 1994 年定義「膳食補充品(Dietary Supplement)：某一類特定的口服物品，可以作為一般膳食的補充品之用。」中國則於 1996 年定義「保健食品：具有特定保健功能的食品。適宜特定人群食用、具有調節機體功能、不以治療疾病為目的之食品。」這三個國家與我國共通的特點，亦即將這一類產品歸類於「食品」之下，但與一般食品不同的是，它含有某些對於人體健康或疾病預防具有效果的成分，但其效果需有其科學研究報告甚至有醫學臨床的依據，並且受限於食品不得宣稱醫療效能的法令規定，使得產品訴求成了一大難題（圖 2-10）。

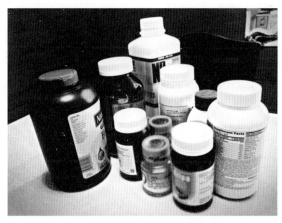

❷ 圖 2-10　坊間各種保健食品

健康食品(Health Foods)在學術界則定義為「機能性食品」(Functional Foods)與「計畫性食品」(Designer Foods)等字詞，健康保健食品若以食用對象可分為兩大類「特別用途食品」(Foods for Special Dietary Use)與「病患專用食品」(Medical Foods)。就醫學界的角度而言，如何確保「特別用途食品」(Foods for Special Dietary Use)與「病患專用食品」(Medical Foods)不被濫用才是我們需要去關注的重點。

特別用途食品或者用於普通大眾，以增進人體健康和各項體能為目的的保健食品，即所謂狹義健康食品或稱日常保健食品。病患專用食品主要供給健康異常者食用，以防病為目的。「特種保健食品」，著眼於某些特殊消費群，例如：糖尿病患者、腫瘤患者、心腦血管疾病患者與肥胖者等的特殊身體狀況，強調食品在預防疾病和促進康復方面的調節功能，以解決所面臨的「飲食與健康」問題。

健康食品對人體生理雖然有些影響，但是一般來講這種影響是緩和的，較少呈現副作用，它不像「藥品」具有療效，卻伴隨著副作用，因此病癒了就要盡快停藥。而坊間口頭所說的「保健食品」，其實就是一般食品，僅能作為營養補充而已，兩者是不相同的。核准通過之「健康食品」須於產品包裝標示健康食品、核准之證號、標章及保健功效等相關規定項目，但仍不得述及醫療效能、虛偽不實、誇張或超出許可範圍之保健功效。

我國衛生福利部針對健康食品的管理設立了兩種審核標章以方便一般民眾辨識（如圖 2-11、2-12）：

1. **衛部健食規字：**只依照學理，沒有經動物實驗證實，至 109 年 2 月 10 日，核發 70 張許可證。

2. **衛部健食字**：根據動物實驗證實，並經個案審查，至 109 年 2 月 10 日，核發 387 張許可證。以產品功效項數統計，依序以具調節血脂者 104 件、胃腸功能改善者 83 件、護肝者 54 件、調節免疫者 52 件，為前四大主要產品。

　　將目前通過的種類、產品與成效選出幾種代表性的產品整理如下（表 2-7~2-12）：

❷ 圖 2-11　衛部健食規字標章　　　　❷ 圖 2-12　衛部健食字標章

表 2-7　改善胃腸道功能保健食品

產品	主要成效	其他可能功效
雙叉乳桿菌 (*Bifidus*)	1. 雙叉乳桿菌是早在 1899 年由法國巴斯德研究所首先分離發現的乳酸菌種。 2. 醫學研究報告指出，吃母乳的嬰幼兒健康狀況往往比喝奶粉或提早斷奶的嬰幼兒來得好。原因之一是吃母乳的嬰幼兒腸道內有比較多的雙叉乳桿菌，而後續的研究又發現，雙叉乳桿菌不僅能夠讓寶寶健康成長，還能幫助成人青春養顏。	1. 改善乳糖不耐症之代謝障礙。 2. 刺激及活化免疫系統。

表 2-7　改善胃腸道功能保健食品（續）

產品	主要成效	其他可能功效
寡醣 (Oligosaccharide)	1. 寡醣為 2~10 個單糖形成的聚合物。 2. 自然界含有寡醣的食物：大蒜、洋蔥、牛蒡、蘆筍、大豆、牛乳、龍膽、菊苣根、菊苣、蜂蜜等。 3. 商業上製造寡醣則是利用植物或微生物來源的酵素，將多醣或雙醣進行酵素生化合成以得到寡醣。	抗齲齒作用。
水溶性及非水溶性纖維 (Water Soluble and Insoluble Fiber)	一般膳食纖維可區分為水溶性與非水溶性。 1. 水溶性膳食纖維：包括有植物膠、果膠及黏液質等，吸水膨脹，延長食物在胃部停留的時間，使人產生飽足感，因而可能減少熱量攝取，減慢食物消化和營養素吸收等。 2. 非水溶性膳食纖維：非水溶性膳食纖維被認為有助胃腸道的功能，它主要由葡萄糖聚合而成，有吸水的能力，且不溶於水及一般溶劑。未加工的麩質、全麥麵粉、豆類、根莖菜類、高麗菜、小黃瓜、青花菜、芽甘藍都含量豐富。	降低血膽固醇和致癌物質。

表 2-8　抗氧化保健食品

產品	主要成效	其他可能功效
綠茶 (Green Tea)	1. 日本靜岡縣的民眾，其胃癌死亡率遠低於全國平均值；經過 1987 年的流行病學調查分析後發現，當地居民的綠茶飲用量是全國平均值的 2.5 倍，因此掀起了研究綠茶的風潮。 2. 各國學者進行研究之後，發現綠茶能夠幫助預防癌症，還發現綠茶所含的多酚類成分 (Polyphenol) 及抗氧化性維生素 (Antioxidant Vitamin)有助延緩老化、降低高血脂和高血壓、增進口腔健康及預防感冒等。	1. 抗菌。 2. 防胃病。
葡萄籽 (Oligomeric Proantho Cyanidin)	葡萄籽中含有一種多酚花青素(OPC)，可以有效消除自由基。OPC 存在於松樹皮及多種天然蔬果中，葡萄籽、葡萄皮、深色莓果類都或多或少含有一些這類的活性成分，每一種蔬果中所含的 OPC 種類不盡相同。	抗發炎、改善過敏體質、預防皮膚老化及抵銷紫外線產生的皮膚色素氧化沉澱問題。
蔓越莓 (Cranberry)	1. 傳說十七世紀時移居美國的清教徒便已經開始在感恩節晚餐中食用蔓越莓了，使得它在北美的食品文化中，有著與蘋果派同樣重要的地位。 2. 蔓越莓屬於蔓越橘科，是小小、圓圓、表皮富含彈性的鮮紅果子。蔓越莓的果子原味略微酸澀，較不適合直接食用，但在經過加工處理後，便可成為風味獨具、冷熱皆宜的四季食品了。因此，不管是果醬、蔓越莓乾、蔓越莓調配醬，儼然已經成為美國家庭不可或缺的佐餐佳品。	預防膀胱炎和尿道感染。

表 2-8　抗氧化保健食品（續）

產品	主要成效	其他可能功效
蔓越莓 (Cranberry) （續）	3. 有報導指出蔓越莓具有抑制大腸桿菌(*E. Coli.*)黏附於膀胱內側的功效，因此有助於控制泌尿道感染的問題。除此之外，蔓越莓亦能抑制引起胃潰瘍的幽門螺旋桿菌附著於腸胃內，也可將已經附著於胃壁內側的幽門氏桿菌予以去除，顯示其可能具有預防胃潰瘍的作用。	

表 2-9　改善婦女更年期問題保健食品

產品	主要成效	其他可能功效
植物荷爾蒙	目前已發現許多植物，如大豆、苜蓿芽、石榴、亞麻子、當歸、花旗參等等含有類女性荷爾蒙作用之成分，統稱為植物荷爾蒙。這些植物荷爾蒙雖具有不同的化學結構(Isoflavonoids, Flavonoids, Coumestans, Lignans)，但都有類似之生理作用，包括改善婦女停經後的問題，如骨質疏鬆和心血管疾病，以及預防乳癌。	控制停經後症狀、預防骨質疏鬆、保護心臟，減少乳癌發病率。

表 2-10　維生素 / 礦物質

產品	主要成效
每日飲食建議量 (Recommended Dietary Allowance, RDA)	即為對某些營養素的建議每日攝取量，若達到此建議量對多數健康者可明顯預防營養不足的症狀。RDA 並未針對下列因素考量：個人生活型態、個人對食物的喜好及習慣、食物取得的便利性、食物營養成分、食物的儲存、運輸、加工、烹調過程的流失等。

表 2-10　維生素／礦物質（續）

產品	主要成效
每日飲食最理想攝取量 (Optimum Daily Allowance, ODA)	考慮生活壓力、環境、情緒及吸收等情形，每個人在標準範圍內找出適合自己的攝取量。 1. ODA 可做到並維持「最恰當」的健康狀態，ODA 的量比 RDA 來得高，常常是好幾倍。 2. 每日營養素建議攝取量可於網址：http://www.doh.gov.tw/查得。 3. ODA 考慮的四大因素： 　(1) 完全正確的飲食，仍無法達到 RDA 的標準量。 　(2) 食物營養成分在運送、儲存、加工等過程中流失，購買的食物並未含有本身原有維生素及礦物質的量。 　(3) 現代人壓力大、環境汙染、情緒壓力等，有必要攝取較高量維生素及礦物質。 　(4) 維生素及礦物質無法被人體百分之百吸收；從食物提煉出來的維生素和實驗室製造出來的似乎差異不大，其由相同分子所組成的相同化學物質。
天然與合成的維生素	標示「天然」的製劑中可能未含非自然的成分，但未必是完全從自然食物抽取而得的，大部分天然的維生素在經濟因素的考量下，其實含有大量合成維生素；然而，未標示有「天然」的維生素有可能含有人工色素、防腐劑等物質，因此若購買時應多加注意。

表 2-11　減少發生心血管疾病危險因子之保健食品

產品	主要成效	其他可能功效
卵磷脂 (Lecithin)	由大豆或蛋黃提煉而得的「Lecithin」，國人稱之為卵磷脂。美國及日本在研發食品及藥品時，都以「磷脂質」為其正名，並將 Lecithin 定義為「磷脂酸膽鹼」(Phosphatidyl Choline, PC)。商業上則把含有 PC 主成分及其他磷脂酸成分的混合物稱為磷脂質。	1. 協助細胞攝取氧及營養，防止細胞被氧化並排除毒素。 2. 能活化腦神經細胞、促進腦力加強記憶力、防止老人失智症。 3. 強化肝臟功能。 4. 增加好膽固醇，清除壞膽固醇。 5. 改善髮質，促進頭髮生長。
魚油 (Fish Oil)	1. 魚油(Fish Oil, Omega-3 Fatty Acid)的生理調節功效已有醫學研究佐證，並被認為有助於降低高血脂。 2. 魚油的功效可能包括：降血壓、消炎、抗癌與促進生長發育。 3. 魚油的健康效應主要是來自於其所含的 Omega-3 必需脂肪酸，也就是 EPA (Eicosapentaenoic Acid)和 DHA (Docosahexaenoic Acid)。 4. 服用注意事項（醫學研究報告指出）由於魚油含有多元不飽和脂肪酸，所以很容易被氧化而產生有害的過氧化物，所以補充魚油應該同時補充維生素 E，以中和自由基的傷害。而患有血友病或凝血障礙的人，也不適合吃魚油，以避免凝血功能不足。而深海魚油與一般的魚肝油是不同的；前者是補充 Omega-3 脂肪酸，後者則是補充維生素 A 與 D，選購時應注意認明。	1. 減低血小板凝聚，預防血管疾病。EPA 被稱為「血管清道夫」，可減少血栓形成及心血管疾病的發生率。 2. 魚油可促進情緒平衡：研究發現，足夠的 ω-3 脂肪酸可改善憂鬱症、過動症及注意力不集中等問題。 3. 抑制發炎反應：魚油會減少發炎前驅物質的生成，可改善紅、腫、疼痛等發炎症狀。 4. 抑制癌細胞生長：魚油對癌細胞具抑制作用，能減緩癌細胞生長速度。

表 2-11　減少發生心血管疾病危險因子之保健食品（續）

產品	主要成效	其他可能功效
甲殼質 (Chitosan)	由蝦蟹類外殼經過酸鹼高熱處理而得的製品，其成分為幾丁質、幾丁聚醣；每一個構成單元類似葡萄糖，但聚合體結構則與植物纖維相似。某些研究指出：甲殼質乃是具有開發潛力的生物科技材質。醫藥製劑產業則對甲殼質的生理調節機能非常重視。	保護肝臟、抑制腫瘤的發生與成長、治療胃潰瘍、控制血壓及提升免疫系統功能。
銀杏 (Ginkgo Biloba)	1. 銀杏的藥用部位在東西方各有所別。 2. 西醫主要是利用銀杏葉萃取物治療老年性疾病、心血管病變、過敏、中樞神經傳導障礙及免疫性疾病。 3. 銀杏葉萃取物在某些歐洲國家是處方藥。 4. 銀杏葉萃取物是目前美國和日本健康食品市場的熱門產品。 5. 中醫使用之白果即銀杏的果實，具有潤肺等功效。 6. 銀杏葉萃取物是歐洲醫藥界的處方藥，最有名的是 EGB-761。 7. 銀杏葉的萃取物在臺灣屬於處方藥，民眾切勿自行購買。	1. 緩解老人失智症。 2. 抗憂鬱作用。

表 2-12　護肝之保健食品

產品	主要成效	其他可能功效
蜆精 （肝醣）	1. 蜆精含有膽鹼、精胺酸、肝醣、鳥胺酸、牛磺酸以及維生素 B$_{12}$ 的元素，所以可促進肝細胞脂肪代謝，預防脂肪肝和肝硬化，同時也能修補肝細胞，幫助肝臟解毒，讓受損的肝臟恢復正常。 2. 青草茶在藥用植物學上，多半具有消暑、解熱、利尿、降火氣的功效，含有有機酸、有機鍺、鞣質、蛋白質、酮甘類、酚類、有機酸、維生素 C 等成分。 3. 樟芝有抑制癌症，預防癌症的轉移、B 型肝炎、糖尿病、高血壓等疾病功效，並在抗氧化、抗血液中凝血及腸胃疾病上也有相當功效。	防治動脈硬化。
青草茶 （總多酚、橘皮苷）		解渴、解熱、消暑、解鬱。
樟芝 （腺苷(Adenosine)、芝麻素(Sesamin)）		抗癌、強化免疫、抗過敏、降血脂等。
金線蓮 （金線蓮糖苷(Kinsenoside)）		全面提高人體免疫力，增強人體對疾病的抵抗力。
綠茶 （兒茶素(-) Epigallocatechin Gallate (-) Epicatechin)）		促進人體達到抗氧化、防止老化、防齲齒、抗癌、抗菌、抗病毒、保護心血管等功效。

表 2-12　護肝之保健食品（續）

產品	主要成效	其他可能功效
杜莎藻 （Beta－胡蘿蔔素）	4. 金線蓮含有抗菌體，能防止菌細胞之繁殖及抗癌作用，且對肺部細胞有強化及抗菌效果，並具有強大的細胞再生能力，可強化體質，增強精力，促進兒童生長發育。	保護角膜不受紫外光(UV-B)傷害。
胺基酸 （胺基乙酸(Glycine)、胺基丙酸(Alanine)、胺基乙磺酸(Taurine)）		
冬蟲夏草 （腺苷(Adenosine)、蟲草素(Cordycepin)）	5. 冬蟲夏草的功效主要是保肺益腎，補精髓，止咳化痰。現代藥理分析，其主要成分有脂肪、粗蛋白、粗纖維、多種胺基酸、蟲草酸和微量元素等對人體有益的營養物質，因此對提高人體免疫功能有一定的作用。	具有抗癌、抗菌、消炎、抗病毒、調節人體內分泌和增強人體免疫功能等生理活性作用。
芝麻素 （芝麻素(Sesamin)、五味子素 B (Schisandrin B)）		1. 抗氧化、延緩衰老。 2. 調節血脂、降低膽固醇。
	所有產品都根據動物試驗結果，對四氯化碳誘發之大鼠肝臟損傷，有助於降低血清中 AST(GOT) 和 ALT(GPT)值。	

　　市售的健康食品應以中文及通用符號顯著標示下列事項於容器、包裝或說明書上以利消費者辨識（圖 2-13）：

1. 品名。

2. 內容物名稱；其為二種以上混合物時，應依其含量多寡由高至低分別標示之。

3. 淨重、容量或數量。

4. 食品添加物名稱；混合二種以上食品添加物，以功能性命名者，應分別標明添加物名稱。

5. 有效日期、保存方法及條件。

6. 廠商名稱、地址。輸入者應註明國內負責廠商名稱、地址。

7. 核准之功效。

8. 許可證字號、「健康食品」字樣及標準圖樣。

❷ 圖 2-13　　健康食品包裝上的說明

9. 攝取量、食用時應注意事項、可能造成健康傷害以及其他必要之警語。

10. 營養成分及含量。

11. 其他經中央主管機關公告指定之標示事項。

第 10 款之標示方式和內容，由中央主管機關定之。

綜合以上的論述，可歸納幾點基本概念如下：

1. 食品分為「一般食品」與「健康食品」：保健食品只是一般食品裡其中之一的用語，是普通名詞。健康食品是專有名詞與法律用語，需經衛生福利部登記取得健康食品許可證者，才能稱之。

2. 「健康食品」與「保健食品」（一般食品）之主要不同點：健康食品可以訴求特定之保健功效，一般食品則不得訴求。

3. 所有食品均不能做誇大、虛偽或涉及療效之標示或廣告：一般食品違規時以《食品衛生管理法》處辦，但涉及健康食品及保健功效（已經衛生福利部公告者為限）者，則以《健康食品管理法》處辦。

4. 一般食品除了部分需經公告辦理查驗登記者外，大部分是不需要登記的。健康食品則需事前登記許可，才能輸入、產製或販賣。

2-4　美容保健產品的選購須知

根據衛生福利部「消費者對誇大不實食品廣告認知調查」的調查報告顯示一般消費者辨別合格美容保健產品的方法與依據皆會以成分、療效與包裝為主，但值得注意的是受訪者表示除了上述方法

外，在商品陳列貨架前面選購時，也會憑個人感覺去臆測，如果涉及個人身體隱私問題時，與銷售服務人員討論意願往往不高，因此常常抱著姑且一試的心態，買回家試試看。若使用後幾乎不明顯或無副作用發生，通常會繼續使用，也有可能送給朋友。其中 40~54 歲男性受訪者，有部分提到有衛部食字號，或是好朋友以直銷或傳銷方式推薦的產品，不論是否涉及誇大不實及療效，一般還是會接受與採用。

針對美容保健產品的選購與使用建議如下：

1. 深入瞭解個人體質並請教專業醫事人員，但不要被銷售人員拉著走買了一堆不適合的產品。

2. 主要成分以自然界來源為原則。

3. 慎選信譽良好的品牌或 GMP 藥廠，不買來路不明或標示不清的產品。

4. 精確審視產品用途、成分、用法、注意事項、保存方法、保存期限與有效日期，有任何疑問可以利用消費者服務專線詢問專業人員或上網查詢等方式，尋求更徹底的瞭解。

5. 避免食品與藥品同時服用。

6. 兒童使用之劑量需依照年齡與體重加以調整。

7. 須保存於常溫、乾燥與陽光無法直接照射之處。

8. 使用醫學美容保養品需配合醫生處方，切忌私自或長期使用；15 歲以下青少年盡量避免使用。

9. 盡量嘗試多樣化的化妝品，不一定跟著流行走，找到比較適合自己膚質，使用前應塗在手背處，以不會引起過敏為原則。

習 題

一、選擇題

( )1. 皮膚的濕度保持約 10%，pH 值約 4.0，每天產生的新細胞由下而上代謝一週期約　(A)一天　(B)三天　(C)五天　(D)七天。

( )2. 下列哪一個波長的紫外線對人體傷害最大？(A)UVC(200~280nm)　(B)UVB(280~320nm)　(C)UVA(320~400nm)。

( )3. 化妝品依照官方的分類有　(A)11　(B)13　(C)15　(D)17　種之多。

( )4. 醫學美容保養品納豆(Natto)具有　(A)保濕　(B)去角質　(C)美白　(D)抗老除皺　之功效。

( )5. 醫學美容保養品熊果素(Arbutin)具有　(A)保濕　(B)去角質　(C)美白　(D)抗老除皺　之功效。

( )6. 醫學美容保養品維生素 A 酸(Vitamin A Acid)具有　(A)保濕　(B)去角質　(C)美白　(D)抗老除皺　之功效。

( )7. 醫學美容保養品輔酶 Q10 具有　(A)保濕　(B)去角質　(C)美白　(D)抗老除皺　之功效。

( )8. 已通過之健康食品認證具有「改善胃腸道功能保健食品」的成分是　(A)葡萄籽(Oligomeric Proantho Cyanidins)　(B)雙叉乳桿菌(*Bifidus*)　(C)卵磷脂(Lecithin)　(D)兒茶素(-)Epigallocatechin Gallate。

（　）9. 已通過之健康食品認證具有「抗氧化保健食品」的成分是　(A)葡萄籽(Oligomeric Proantho Cyanidins)　(B)雙叉乳桿菌 *(Bifidus)*　(C)卵磷脂(Lecithin)　(D)兒茶素(-) Epigallocatechin Gallate。

（　）10. 已通過之健康食品認證具有「護肝」的成分是　(A)葡萄籽 (Oligomeric Proantho Cyanidins)　(B)雙叉乳桿菌 *(Bifidus)*　(C)卵磷脂(Lecithin)　(D)兒茶素(-) Epigallocatechin Gallate。

（　）11. 目前衛生福利部認定健康食品的保健功效共計　(A)11　(B)12　(C)13　(D)14　項。

（　）12. 我國衛生福利部針對健康食品的管理設立了兩種審核標章以方便一般民眾辨識，只依照學理，沒有經動物實驗證實是　(A)衛部健食字　(B)衛部健食規字。

（　）13. 至 109 年 2 月 10 日止，根據動物實驗之個案審查，核發健康食品許可證中，以哪一項功效的產品最多？　(A)調節血脂　(B)胃腸功能改善　(C)護肝　(D)調節免疫。

二、問答題

1. 皮膚對人體主要有哪些功用？

2. 我國《化妝品衛生安全管理法》對化妝品的定義為何？

3. 我國《健康食品管理法》所稱之健康食品的定義為何？

4. 藥妝品必須經由衛生福利部核准後才能上市販售，商品上都要標示合格字號以示負責，請分國產與進口各舉一例說明。

5. 界面活性劑在化妝品中使用的種類有哪些？

參考文獻

1.　衛福部網站，https://www.mohw.gov.tw/mp-1.html。

2.　《化妝品製造實驗》，臺灣復文書局，張麗卿編著，1998。

3.　〈醫學美容保養品市場展望〉，《臺肥季刊》，第四十七卷第三期。

4.　《化妝品衛生管理條例》部分條文修正草案，行政院提案、審查會通過條文對照表，立法院第 9 屆第 4 會期第 15 次會議議案關係文書。

 Memo:

通訊與傳播

3-1　電報與電話的發展

一、電報

在未發明電報(Telegram)以前，人類長途通訊的主要方法包括有：驛送、飛鴿傳書、烽煙與旗語等（如圖 3-1）。

驛送是由專門負責傳送信件的人員，乘坐馬匹或其他交通工具，接力將書信送到目的地。建立一個可靠及快速的驛送系統需要十分高昂的成本，首先要建立良好的道路網，然後配備合適的驛站設施，在交通不便的地區更是不可行。使用飛鴿通訊可靠性甚低，而且受天氣、路徑與鴿子的體能所限。另一類的通訊方法是使用烽煙或擺臂式信號機(Semaphore)與燈號等肉眼可見的訊號，以接力方法來傳訊，這種方法同樣是成本高昂，而且易受天氣與地形影響。

在發明電報以前，只有最重要的消息才會被傳送，而且其速度在今日的角度來看，是難以忍受的緩慢。

● 圖 3-1　使用烽煙臺與旗語傳遞信息的方式

（一）電報的濫觴

人們對電荷的認識是從摩擦起電現象開始的，此種摩擦起電 (Electrification)的現象，遠在西曆紀元前 600 年，古希臘人即知琥珀與羊毛摩擦後，能吸引輕物。18 世紀科學家富蘭克林(Benjamin Franklin, 1706~1790)，他將用絲綢摩擦過的玻璃棒上所帶的電荷命名為正電荷，而將用毛皮摩擦過的硬橡棒上所帶的電荷命名為負電荷，這時也開始有人研究使用電來傳遞訊息的可能。早在 1753 年，便有人提出使用靜電來拍發電報的可行性，這個構想是使用 26 條電線分別代表 26 個英文字母，發電報的一方按文本順序在電線上加以靜電，接收的一方在各電線接上小紙條，當紙條因靜電而升起時，便能把一篇短文傳送出去。

（二）電報線路與摩斯密碼

首條真正投入使用營運的電報線路於 1839 年在英國最先出現，它是大西方鐵路(Great Western Railway)裝設在兩個車站之間作為通訊之用，這條線路長 13 英哩，屬指針式設計，由查爾斯・惠斯通(Charles Wheatstone, 1802~1975)及威廉・庫克(William Cooke, 1806~1879)發明，兩人以此發明在 1837 年取得英國的專利。

美國的薩繆爾・摩斯(Samuel Morse, 1791~1872)（如圖 3-2），大概在這個時期左右也發明了電報(Telegram)，並於 1837 年在美國取得專利。摩斯還發展出一套將字母及數字編碼以便拍發的方法，稱為摩斯密碼(Morse Code)，1838 年創造了點劃組合的摩斯電碼，使電報機進入了實用階段。後來在美國國會的資助下，摩斯用了約兩年時間建成從華盛頓到巴爾的摩全程 64 公里的電報線路，1844 年 5 月 24 日開始通報，揭開了人類通信史新的一頁。

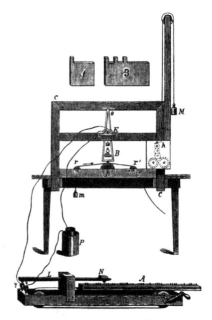

❯ 圖 3-2　薩繆爾‧摩斯(Samuel Morse, 1791~1872)與原型電報機

　　初期的電報只能透過使用架在陸地上的電線(Land Line)通訊，傳送距離有限，到了 1850 年，首條海底電纜(Cable)橫越英吉利海峽，把英國及歐洲大陸連接起來。到了 90 年代，各地仍然要透過電線來傳送電報。

（三）無線電電報

　　尼古拉‧特斯拉(Nikolas Tesla, 1856~1943)等科學家在這個時候開始研究以無線電發送電報。義大利人馬可尼(Guglielmo Marconi, 1874~1937)（如圖 3-3）於 1895 年首次成功收發無線電電報，四年後，即 1899 年，他成功進行英國至法國之間的傳送，這是首次以無線電進行橫越大西洋的通訊。無線電報的發明使流動通訊變得可能，配備無線電電報機的遠洋船隻，就算在海洋上仍然可與陸地保持通訊，更能在緊急時發出求救訊號。

　　隨著通訊科技的發展，電報已不再是主要的通訊方法，自從電話網路數位化以後，電報通訊便成為數位通訊網路內其中一種以文字通訊的應用，在傳真機普及後更被傳真所取代。當網際網路及行動通訊日漸廣泛使用以後，電報更進一步被電子郵件及簡訊所取代，現在一般人已不會使用電報通訊，早期傳統的電報新聞（即電訊新聞稿）亦已由傳真、網際網路及行動電話的簡訊所取代，只有在一些很特別的舊有應用環境下，才會偶然看見使用電傳打字機的電報業務。

❷ 圖 3-3　　馬可尼(Guglielmo Marconi, 1874~1937)與他所架設的天線

二、電話

（一）電話的濫觴

　　1876 年，美國人亞歷山大・葛拉漢・貝爾(Alexander Graham Bell, 1847~1922)（如圖 3-4）發明了電話(Telephone)，這是一種使聲音能夠經由電線傳到遠方的裝置。在這個時期，貝爾的不少朋友

卻希望他繼續鑽研電報術，但貝爾不以為然，他心裡唯一惦記的事，就是要完成人聲傳遞的工作。

❷ 圖 3-4　　貝爾(Alexander Graham Bell, 1847~1922)與他在 1878 年開啟的首用商業電話服務

　　他首先嘗試在一根導線上，連接由帶電蘆葦組成的兩個豎琴模樣集合的「諧和電報」，每根蘆葦在導線的那一頭都有同頻率的對應者，貝爾把兩個豎琴掛在磁性薄膜上，該薄膜是模仿人耳的一種裝置。有一天，貝爾的助手擺弄夾住的蘆葦，而貝爾卻從導線上聽到了鄰室傳來的撥動的弦音，他記下此事，進一步實驗。在實驗過程中，貝爾遇到不少困難，但他得到了愛迪生(Thomas A. Edison, 1847~1931)等著名科學家的指導與幫助。

　　1876 年 3 月 10 日，貝爾透過送話機喊道：「沃森先生，請過來！我有事找你！」在實驗室裡的助手沃森聽到召喚，像發瘋一樣跑出實驗室，奔向貝爾喊話的寢室去，他一路大叫著：「我聽到貝爾在叫我了！我聽到貝爾在叫我了！」如此，人類便有了最初的電話，揭開了傳播史嶄新的一頁。

1877 年，第一份用電話發出的新聞電訊稿被發送到波士頓《世界報》，標誌著電話為公眾所採用，隔年（1878 年），貝爾電話公司正式成立。

（二）碳感應電流電話機

1820 年代法拉第(Michael Faraday, 1791~1876)以實驗發現了導線在磁場中運動時會有電流產生的現象，此即所謂的「電磁感應」現象。電話機初期是利用電磁原理製造的（如圖 3-5），1884 年愛迪生發明以碳感應電流的電話機，這是以碳產生的電阻變化使聲音傳送出去，就結構而言，送話器幾經改良，其傳送原理雖有改變，但受話器仍運用電磁的作用。由於電磁式的送話器感應度不良，送出的聲音不清晰，愛迪生等人對貝爾電話的結構進行了革命性的改革，這時電話才逐步達到完善的地步。

❷ 圖 3-5　1882 年磁性壁掛式電話

　　「親愛的，我今天晚上 7 點到臺南火車站，你記得來接我⋯」、「我要叫外送，2 個 12 吋的海鮮總匯 Pizza，地址在⋯」、「我想查一下我網路訂購的衣服是不是已經寄出？」無可爭議的，像這樣無關緊要的對話充斥在日常生活中的電話交談裡。電話已然改變了我們的舉止行為，以及我們與其他人之間的互動關係，我們自然而然地處於這樣的環境裡、這樣的生活模式，每天會拿起電話打到世界上的各個角落，或接聽由四面八方打來的電話。

　　打電話這個動作只是廣大電話網路中的一環，它的電子接頭遍布全球，並以接近光的速度傳輸，同時進行開啟與關閉的動作。如果沒有這個溝通網絡，那麼整個地球上所有不論是私人的、經濟的、政治的與文化的一切交流便動彈不得了，這是無法想像的。

　　時至今日，隨著科學的迅速發展，無線電、固網電話、行動電話、網際網路甚至視訊電話等相繼出現，在現今資訊發達的年代，人們要求迅即掌握各類訊息，電子通訊技術拉近了人與人之間的距離，深深改變了人類的生活方式，以下將人類信息傳播發展簡史整理如表 3-1：

表 3-1　人類信息傳播發展簡史

年代	傳播信息的形式
西元前 5000 年	口頭傳播、洞穴圖形石雕
西元前 2500 年	埃及人發明由水草製紙
西元前 1800 年	腓尼基人發明字母
西元 105 年	蔡倫造紙
西元 1453 年	德人古騰堡發明金屬活字版
西元 1702 年	第一份日報
西元 1833 年	第一份大眾化報紙

表 3-1　人類信息傳播發展簡史（續）

年代	傳播信息的形式
西元 1838 年	摩斯發明電報
西元 1876 年	貝爾發明電話
西元 1922 年	首座無線廣播電臺設立
西元 1923 年	第一份新聞雜誌
西元 1927 年	有聲電影
西元 1936 年	英國廣播公司（廣播及電視）成立
西元 1953 年	黑白電視開始放送
西元 1957 年	蘇俄發射第一顆人造衛星史玻尼克
西元 1960 年	彩色電視開始放送
西元 1976 年	英國第一座無線視訊（無線電纜）
西元 1978 年	光纖系統首次使用
西元 1979 年	英國第一座有線視訊（電傳視訊）放送
西元 1989 年	衛星電視開始放送
西元 1994 年	立體電視開始販賣、放送
西元 2005 年 ～迄今	數位高畫質電視開始販賣、放送 目前仍持續推廣以達全面普及化

3-2　電信發展史

一、電信事業的主角「電話」

　　電信不僅是一門專業的事業，其技術演進的過程更是科技發展中重要一環，因此，對於在整體電信發展過程中，最先出現也最基本的工具，即為電話(Telephone)。

電話的基本結構為可分為送話器（話筒）與受話器（聽筒）。送話器可將聲音轉為電流，受話器則將電流轉回聲音（如圖 3-6）。當使用者按鈕撥號時，電話機內就會產生高週波與低週波的交流電，可將對方的號碼傳送到交換機上，接通對方的電話，再透過交換機，把電話傳送到對方。

而近幾年來，電話不單只是用來通話，更可以結合電腦進行各項運用，例如：自動語音查詢、客服系統與車票的訂位等。大家都知道，電話按鈕除了 0 到 9 這十個按鍵外，還有其他按鈕，其中「＃」與「＊」這兩個按鈕，可將長串的號碼改為三個一組用於計算，例如：部分的加值型電信服務操作過程中，需要特殊的設定及輸入時，便會結合電腦系統而運用到。

有了電話，人們可以遠距離進行交談，最早的商用電話局於 1878 年設立於美國紐黑文市，有 21 家用戶，1880 年許多城市之間也架設了電話線，開通了長途電話。早期的電話機非常簡陋，通話的聲音不是很清晰，通話的距離也不遠，自從碳粉送話器的發明與傳輸話音的單鐵線改用雙銅線後，使得通話品質與距離均有所提升。

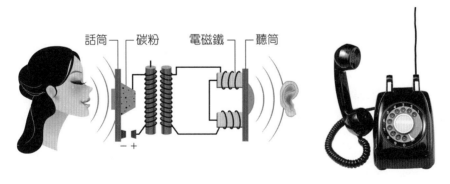

❷ 圖 3-6　電話機的構造圖與 1937 年貝爾電話公司出品的黑色轉盤式電話

二、通訊技術的演進

（一）短波通訊

　　1906 年福里斯特(L. De Forest, 1873~1961)發明了三極真空管以後，利用真空管製成的擴音機實現了長距離電話通信。真空管應用於無線電通信以後，更推動了無線電通信和無線電廣播的發展，越洋通信採用短波無線電，比海底電報電纜更為經濟方便。在這期間，電話交換技術也有很大的發展，最初採用磁石電話交換機（如圖 3-7），最多只能有幾百號電話用戶，隨著用戶的增加，出現了共電式電話交換機，可有幾千號用戶。1918 年出現了載波電話，在一對銅線上可開通 4 路電話，1941 年開始使用的同軸電纜上可以開通 480 路電話，隨後發展至 1,800 路、2,700 路甚至 1 萬多路電話。

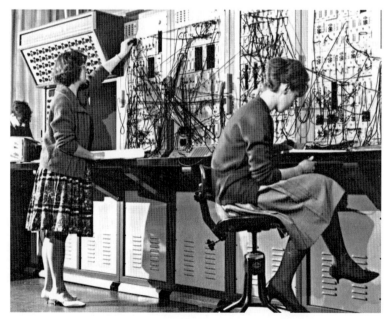

❷ 圖 3-7　早期老式人工電話交換臺

（二）微波通訊

50 年代初，無線電通信採用微波通訊方式（如圖 3-8），由於它建設速度快、成本低、可節省大量銅和鉛，又能越過無法鋪設電纜的地區等，很快就被各國採用。在微波線路上也可裝用 1,800~2,700 路載波電話，始得通信能力大大提高。

同軸電纜和微波串接通信的發展，為建設全國自動長途電話網奠定了基礎，許多國家如美國、日本與英國等都在 50~70 年代建成了全國長途電話自動化網路，由於衛星通信的發展和海底同軸電話電纜的建成，國際電話的自動化在 60~70 年代也得到普遍的推廣。

（三）光通信時代

光通信時代的來臨是由於 1960 年美國物理學家梅曼(Theodore Harold Maiman, 1927~2007)利用紅寶石震盪發明了雷射光(Laser)而正式揭開序幕。

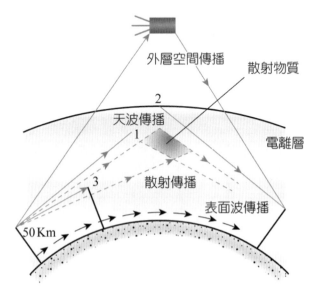

● 圖 3-8　微波傳播示意圖

　　光通信系統可分為三大部分，一是以發光元件為主的發送器，二是以光導纖維或光纜當傳輸線，三是以檢光元件為主的接收器。目前發光元件有雷射二極體與發光二極體兩種，光導纖維一般稱為光纖(Optical Fiber)，而檢光元件主要採用光電二極體(Opto-electric Diode)。

　　圖 3-9 是一個很簡單的光通信說明實例。圖左的人打電話，藉著電話內部線路，將他的聲音信號轉變成或強或弱的電流，然後依照電流的強弱來控制雷射二極體與發光二極體的開關，以產生或明或暗的光波信號，這稱為調變。發送端將明暗明暗的信號由光纖或光纜導引到接收端。接收端有以光電二極體為主的光偵測器，能夠接收光波信號並且轉換成原先的電波信號，這稱為解調。右端電話內部線路再將或弱或強的電流轉變成相對的聲音，這樣就構成了一個基本的光通信系統。

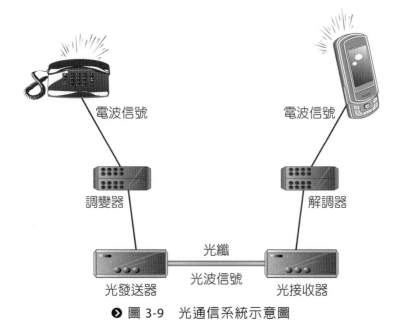

電波信號　　　　　　　　　　　　電波信號

調變器　　　　　　　　　　　　　解調器

光纖

光波信號

光發送器　　　　　　　　　　　光接收器

◆ 圖 3-9　光通信系統示意圖

三、我國電信發展沿革

　　我國電信事業之創辦，最早是由清朝直隸總督李鴻章奏請設置「南北洋電報」，經清廷批准，於光緒 7 年（1881 年）3 月起，創設由天津陸路循運河以至江北，越長江至鎮江抵達上海之津滬電線（如圖 3-10）。此一工程歷八個月竣工，於 1881 年 12 月 28 日開放收發電報，並在天津成立電報總局，又設分局於大沽口、天津、濟寧、清江浦、鎮江、蘇州與上海等七地，這開啟了我國電信事業之發展，民國 36 年政府明令公布 1881 年 12 月 28 日這一天為「電信紀念日」。

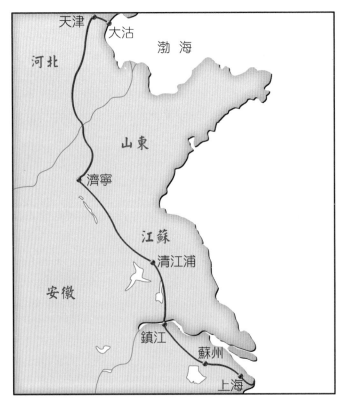

❷ 圖 3-10　1881 年 3 月起創設的津滬電線

　　光緒 12 年（1886 年）臺灣巡撫劉銘傳創設臺灣「電報總局」於臺北，建設完成南北縱貫陸線與安平至媽宮（今澎湖馬公）段以及滬尾（今淡水）至福州川石山段之海線，並分別設立臺南、安平、旗後、澎湖、彰化、臺北、滬尾、基隆、新竹與嘉義等十局開辦電報業務（如圖 3-11），此為臺灣電信事業之發展起始。值得一提的是，據史料記載，劉氏在光緒 12 年委託怡和洋行簽約鋪建淡水通往福建福州川石山這條海底電纜，全長約 117 浬，翌年 8 月 23 日完工，這條電纜代表當時最大、最重要的科技，也是臺灣開發的轉捩點，自此臺灣可以與中國、甚至與世界接軌。

● 圖 3-11　清代臺灣電信路線圖

四、我國電信業務自由化的過程

　　民國 32 年政府成立電信總局，各地之電報局改稱電信局；民國 35 年臺灣郵電管理局成立；民國 38 年成立臺灣電信管理局，同年並設立臺北國際電臺，分別經營國內、國際電信事業，開始臺港與中美無線電話；民國 40 年成立電波研究所；民國 56 年設立電信技術訓練中心；民國 58 年因應業務之擴大，將國際電臺改組為「國際電信局」，將電波研究所改組為「電信研究所」。

　　後為適應未來業務之需要，提高營運績效，電信總局乃於民國 70 年初公布《交通部電信總局組織條例》，並於 5 月改組電信事業為電信事業營運機構和電信事業支援機構兩大部分。民國 70 年電信事業改組時，依該《組織條例》設置臺灣北區電信管理局、臺灣中區電信管理局與臺灣南區電信管理局，經營室內電信事務。電信總局於 80 年 9 月成立「電信組織公司化推行配合小組」，並制定「電信三法」，使得電信監督與電信營運兩個單位分離。

　　民國 85 年 7 月 1 日我國電信改制，另成立國營之中華電信股份有限公司，負責電信事業經營，隸屬於交通部。中華電信股份有限公司成立後，主要業務包括固網通信、行動通信、數據通信三大領域，並提供語音服務、專線電路、網際網路、電子商務及各項加值服務。在總公司另設有北、中、南電信分公司，以及行動通信、數據通信和國際電信分公司，並附設電信研究所和電信訓練所，以研究、開發電信相關科技，並辦理人才遴選、培訓等業務。民國 89 年 9 月，依據公營事業移轉民營條例，中華電信股份有限公司開放釋股，並於民國 94 年 8 月完成民營化。有關我國電信自由化的發展過程中所開放之業務，請參考圖 3-12。

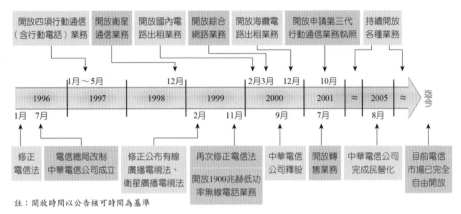

註：開放時間以公告核可時間為基準

❷ 圖 3-12　我國電信自由化過程開放之業務

3-3　行動通訊的演變

一、行動通訊發展的初期

　　上一節所介紹的電報或電話，其接收裝置需要固定在一個位置，因此標榜可以隨身攜帶與接收語音等信息的裝置，隨著科技的發展因應而生，這個裝置稱為手機(Cell Phone, Mobile Phone)，又名為移動電話、手提電話、無線電話、行動電話、攜帶電話與流動電話等。這個行動通訊裝置早期因為技術不純熟且產品價格昂貴，因此只有少部分人才買得起，所以又有大哥大的俗稱。手機除了實現將電話帶著走的理想，更可以利用衛星(Satellite)在國際漫遊打越洋電話，也可以使用手機來收取電子郵件(E-mail)及查詢即時之生活資訊，現今已可用行動電話來代替信用卡的轉帳與支付現金功能。

　　手機能實現隨處可撥打、隨處可接聽與提供各種即時與效率的附加功能，這些特色都不是傳統電話能取代的。拜科技的進步之賜，手機的附加功能必須要有一組行動通訊系統群體所組成，這個通訊群體包含了三個部分：手機製造商、系統業者（即基地臺業者）與軟體開發業者等。

　　在介紹手機這個行動通訊裝置的演變之前，我們先介紹一下出現在民國 81 年到 84 年期間，大概是五、六年級生都曾經使用過的呼叫器，又叫做 Call 機（或 B.B. Call，如圖 3-13）。Call 機是一種會嗶嗶叫的機器，當你有急事想要某人趕快回電給你時，偏偏他人在外面或是不知道在哪個房間，這時候打 Call 機的門號並輸入想要他回你的電話號碼，在不到半分鐘內那個機器就會嗶嗶叫，同時在 Call 機的液晶螢幕上顯示出你請他回給你的電話號碼。在還沒有手機出現前最常使用 Call 機的族群有主管、醫師與業務員等。他們的共同特色是會跑來跑去，且為決策者，因此 Call 機的出現就很方便，如果沒有 Call 機，那麼在偌大的醫院中要找到某位醫生，可能要透過全院廣播才找得到人。

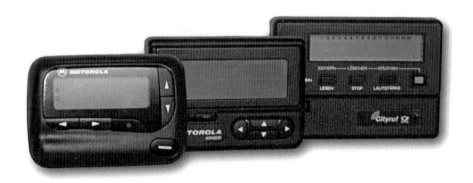

❷ 圖 3-13　早期 Motorola 公司製造的 Call 機

　　然而，因 Call 機尚未進步到能夠傳中文的地步，大家只好在數字上玩把戲。為了區分，每個人的號碼可能會變成「AAAA*01」或「AAAA*02」這種模式，才能知道是誰在 Call 他，還有要傳達簡短信息則需要使用特殊數字的組合，例如「我愛你一生一世」可以輸入「5201314」等代號。

二、行動通訊系統的發展

(一) 第一代行動通訊系統

　　第一代行動電話網路(1G)，是指以模擬信號的行動電話，全世界第一臺手機是由美國摩托羅拉(Motorola)公司的庫柏博士(Martin Cooper, 1928~)研製出來的（如圖 3-14）。由於當時電池容量的限制，加上模擬調製技術需要體積龐大的天線和集成電路等等，以致這種手機外表四四方方，只可移動但是無法隨身攜帶。當時很多人稱這種手機為「磚頭」或是「黑金剛」等。第一代行動電話只能進行語音通信，收訊效果不穩定，且保密性不好，其無線頻寬利用並不十分充分，此種手機類似於簡單的無線電發射與接收雙工電臺，通話鎖定在一定頻率，所以使用可調頻接收器就可以竊聽通話。

❷ 圖 3-14　第一代 Motorola 行動電話與俗稱「黑金剛」的手機

（二）第二代行動通訊系統

　　九〇年代後期，電子電路技術的進步使得手機的價格大幅下降，1996 到 1997 年使用最廣是第二代手機(2G)，它是以全球行動通訊系統(Global System for Mobile Communications)，即 GSM 的通訊標準為主，這也是第一個在商業運作的數位蜂巢系統。GSM 較以前標準最大的不同，是它的信號和語音通道都是數位的，GSM 的主要優勢除了提供更高的數位語音品質外，還可以收發簡訊、MMS（彩信、多媒體簡訊）與無線應用協議(WAP)等，第二代 GSM 網路結構與手機外型如圖 3-15。

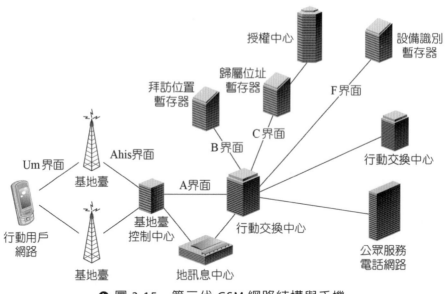

❷ 圖 3-15　第二代 GSM 網路結構與手機

● 圖 3-15　第二代 GSM 網路結構與手機（續）

在第二代中，為了適應網際網路通訊的需求，一些中間標準(2.5G)也在手機上得到支援，所謂 2.5G 是夾在 2G 與 3G 中間的手機通訊技術規格的過渡期。它是一種比 2G 連線速度快但又較 3G 慢的一種通訊技術規格。例如：2.5G 支持彩色信息業務的 GPRS(General Packet Radio Service)與上網業務的 WAP(Wireless Application Protocol)服務，以及各式各樣的 Java 程序、PDA、遊戲機、MP3、照相機、錄音與 GPS 等功能，其發展的趨勢已經朝向帶有手機功能的 PDA。

（三）藍牙傳輸技術

藍牙(Bluetooth)是一種短距離的無線通訊技術，如筆記型電腦、PDA 與手機等電子裝置彼此可以透過藍牙而連接起來，省去了傳統電線的連接方式（如圖 3-16）。透過藍牙配適器內晶片上的無線接收器，使得許多電子產品能夠在約十公尺的距離內彼此相通，傳輸速度可以達到每秒鐘 1 百萬位元組。以往紅外線介面的傳輸技術，需要電子裝置在視線之內的距離且沒有遮蔽物才行，而現在有了藍牙技術，這樣的麻煩也可以免除了。

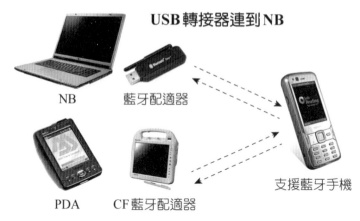

USB 轉接器連到NB

NB 　藍牙配適器

PDA　CF藍牙配適器　支援藍牙手機

❷ 圖 3-16　藍牙技術可將電子產品相連通

　　由於使用移動終端的用戶數量不斷增長，而 GSM 通信系統很難維持這麼多通信用戶的正常工作，常常會出現語音失真大以及無線資料傳輸速度緩慢等問題，為此人們不得不尋求一種更新的通信網路系統來替代陳舊的通信系統。

（四）第三代行動通訊系統

　　3G(Third Generation)表示第三代移動通訊技術，面向高速、寬帶數據傳輸，國際電信聯盟(ITU)稱其為 IMT(International Mobile Telecommunication)-2000，最高可提供 2Mbps 的數據傳輸速率，主流技術為頻寬展開技術即 CDMA(Code Division Multiple Access)，展頻系統將傳輸資訊（通常是語音）所需的頻寬展開至非常寬的無線電波並由空中介面傳輸，它具備保密性好、抗干擾、話音清晰等優異性能，其代表有寬頻分碼多工多重存取 WCDMA（歐、日）、CDMA2000（美）與 TD-SCDMA（中）。

　　因為 3G 時代是以「看」電話為主，所以影像傳輸是 3G 的最大特色。消費者不但可用 3G 打影像電話，看得到對方進行雙向視訊，也可在手機上看電視、電影預告片，還可以下載全曲音樂，此

外，由於 3G 系統的整合，國內的 3G 門號還可以原號原機漫遊日本，相當方便。

　　第三代行動電話除了能提供語音通訊以外，也可以進行數據資料的傳輸，同時傳輸的速度最低為 384Kbps，且最高頻寬為 2M，藉由頻寬的大幅提升，利用行動電話進行影像與多媒體檔案的傳輸及融合是大勢所趨，而行動網路成為更新一代網路通信技術市場的發展重點，也是個不爭的事實。

　　然而，3G 技術可說差強人意，而無線區域網路WLAN(Wireless Local Area Network)雖然在小規模區域能實現最高達 54Mbps 的傳輸數率（如圖 3-17），但其在覆蓋漫遊以及支援語音等方面仍存在著嚴重的不足，因此第四代(4G)行動通訊技術也就因應而生。

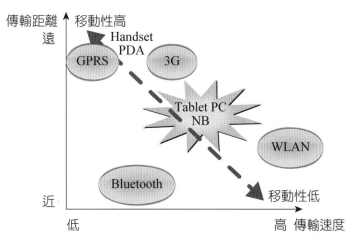

❷ 圖 3-17　各項網路連接技術的比較（4G 除外）
（圖片來源：資策會 MIC，2003 年 4 月）

（五）第四代行動通訊系統

　　4G 即第 4 代行動通訊(4th Generation)，也是 3G 延伸進階後的通訊服務；4G 以全 IP 網路整合 Internet 與行動語音服務，比起前幾代行動通訊，連線更穩定，上網速度更快也更節能。目前世界各國皆積極推動建設 4G，2006 年韓國、2008 年美國、2008 年俄羅斯，至 2010 年共有 59 個國家共 148 家營運商開始提供 4G 行動上網服務，而臺灣也在 2014 年正式進入了 4G 時代。

　　4G 網路平均傳輸速率能達到 100Mbps 以上，是 3G 網路系統行動速率的 5 倍以上，例如下載一部 HD 影片，3G 要 5 分鐘，4G 可能只要 30 秒。另外，在頻寬加大下，4G 的服務內容將可包羅萬象，有高畫質行動遊戲、行動電影、影像電話、聯網家電、高畫質多頻道電視廣播等等，因此 4G 幾乎能夠滿足所有用戶對於無線服務的要求，由圖 3-18 我們可以瞭解由 1G 進展到 4G 的傳輸功能的比較。

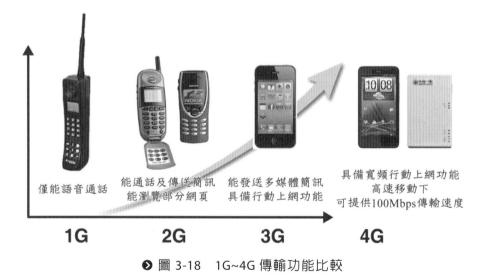

● 圖 3-18　1G~4G 傳輸功能比較

（六）第五代行動通訊系統

　　4G 網路中有關 LTE 這個名詞你一定不陌生，長期演進技術 (Long Term Evolution, LTE)是電信中用於手機及資料終端的高速無線通訊標準，它的特點就是傳輸速度快。而 5G 第一個演進標準 3GPP Release 16 於 2020 年 7 月完成，主要新增了超級上傳技術、補充超高可靠低延遲通訊和大規模機器類互聯兩大應用場景，並進一步提升能效和使用者體驗。5G 有潛力提供比 4G 快上最多 40 倍的網速，快到足以串流 8K 的 3D 影片，或在 6 秒內下載 1 部 3D 電影（4G 要花費 6 分鐘左右）；因為 4G 網路速率約為 100Mbps，而 5G 則會達到 1Gbps 以上，3GPP 預計 2025 年左右提升到 3GPP Release 18 標準，預計能提供 20Gbps 的下載速率與 10Gbps 的上傳速率。

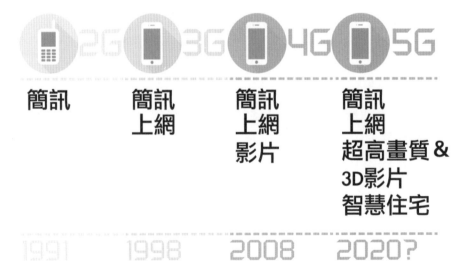

◗ 圖 3-19　2G~5G 傳輸功能的比較

（資料來源：《天下雜誌》2015 年 12 月 6 日）

（七）5G 發展趨勢

行動通訊技術約每十年為一個演化週期，2009 年推出全球第一個 4G 網路， 2019 年 4 月發布 3GPP 標準的 5G 標誌，如圖 3-20。5G 網路問世希望能建設出一個無縫連結的社會環境，讓民眾能在智慧通訊網路環境中與各物、數據、應用、交通系統、甚至整個城市相連。許多國際組織與國家表示，希望看到 5G 布局完成，必須給予產業足夠的時間與資源進行技術突破。5G 的基本應用為：超高速通訊速率、高布建密度、高行動速率、低遲延時間、大量裝置的連結、一致的用戶體驗(QoE)及綠能等基本要求。

❷ 圖 3-20　3GPP 標準的 5G 標誌

（圖片來源：維基百科：https://zh.wikipedia.org/zh-tw/5G）

2014 年，臺灣行政院 5G 發展產業策略會議中，集國內產官學研專家智慧，認為行動應用服務與物聯網應用是 5G 的主流，例如更高畫質的影音串流、虛擬實境、擴增實境應用及雲端應用服務等。在物聯網方面，機器通訊將遍及智慧家庭、智慧城市、智慧交通、智慧電網、醫療照護甚至協助農工業提升經濟效益。並規劃 5G 應用服務場景包含：

1. 高人口密集區。

2. 高訊務需求。

3. 高速移動環境。

❷ 圖 3-21　臺灣 5G 應用服務場景

（圖片來源：電工通訊，2014 年）

3-4　廣播技術的發展

一、人類傳播方式的演進

　　人類的傳播(Communication)是先有面對面傳播，再發展至透過媒介的傳播。傳播媒介的演進先是出現書籍、報紙與雜誌等書寫類媒介，接下來是電訊媒介，在電訊媒介中，是先出現有線傳輸的電訊媒介，例如電話等，再有無線傳輸的電訊媒介，例如廣播、電視與人造通信衛星等。

　　所以由口語傳播進入書寫傳播再由書寫傳播進展到電子傳播，是人類傳播方式發展的一大轉捩點。首先在文字發明方面，先由簡陋的圖畫變為象形文字，而後轉為今天繁雜的文字體系；在媒介工具及書寫記載物品方面，由石柱、石壁，進展到竹片、皮革再到造紙；而在印製技術方面，則由徒手雕刻、手抄文字的記載方式再進展到大量印刷。

　　由書寫傳播到電訊傳播則又向前邁了一大步，這個方面分為有線與無線媒介的傳播。有線傳輸電子媒介的線路先由普通銅線電線換成同軸電纜，再發展出光纖(Optical Fiber)電路；無線傳輸電子媒介則由低頻、中頻、高頻、超高頻到極高頻的逐漸開發運用，而傳播內容也由聲音的廣播一直進展到全彩高畫質影像的放送等。

　　廣播(Broadcasting)是透過導線或無線電波(Radio Wave)傳送聲音與影像，為具有多種功能的現代化傳播工具。從傳播媒介的方式看，廣播分為有線廣播與無線廣播兩大類：有線廣播透過導線傳送節目；無線廣播透過無線電波傳送節目。從傳播的內容來看，廣播也可分為廣播與電視兩大類：僅僅傳送聲音者為聲音廣播，簡稱廣播；同時傳送聲音與影像者為電視廣播，簡稱電視(Television)。

　　在新聞傳播領域，廣播電視傳播資訊的時效性和廣泛性超過其他任何大眾傳媒，然而，廣播的缺點就是聲音或影像的出現稍縱即逝且要按節目表時間收聽收看，另外就是接收的天線裝置價格較高等。

二、無線廣播的濫觴

　　1906 年，加拿大的工程師費森登(Reginald Aubrey Fessenden, 1866~1932)成功地發出一個連續載波，它可以改變震盪頻率，這是人類歷史上第一次聲音無線傳播的實驗，當時廣播播放亨德爾的《舒緩曲》，這讓聽慣嘀滴答答摩斯電碼聲的電報員首次聽到無線音樂廣播，因此，費森登被尊稱為「無線廣播之父」（如圖 3-22）。

❷ 圖 3-22　1920 年的收音機與費森登(Reginald Aubrey Fessenden, 1866~1932)

　　1920 年 10 月美國匹茲堡市私人經營的 KDKA 廣播電臺取得政府發放的營業執照開始播音，這成為美國也是世界上第一家正式廣播的私營商業廣播電臺（如圖 3-23），之後 1922 年美國、英國、德國與蘇聯紛紛開辦廣播，直到 1925 年，正式開辦廣播的國家超過 20 個，這段期間廣播事業在全世界迅速發展。第二次世界大戰前，廣播電臺主要集中在歐美國家，直至戰後，隨著亞洲、拉丁美洲與非洲等廣大國家紛紛取得獨立，廣播事業在這些國家也同時迅速發展起來。我國最早的廣播電臺在民國 16 年（1927 年）由交通部於天津成立，迄今已有 80 幾年的歷史。

❷ 圖 3-23　美國 1920 年第一個商用廣播電臺的播音與民眾收聽情形

三、無線廣播技術的發展

（一）二極體與三極真空管電路

　　廣播技術的大幅進展主要是因為進入 20 世紀後，無線電技術的研究和實驗在更廣闊的範圍進行，取得了快速的進展，尤其是 1904 年英國人弗萊明(J. Fleming, 1849~1945)發明的二極體與 1906 年美國人德・福里斯特(L. De Forest, 1873~1961)發明的三極真空管等元件，對廣播具有決定性的作用。

　　二極體具有整流和濾波兩種功能，三極真空管則又增添了放大電流的作用，利用三極真空管可將電路中的弱電流放大成強電流，解決了無線電的發射功率與接收等問題。德・福里斯特還使用三極真空管成功研製真空管振盪器(Vacuum Tube Oscillator)，用它產生高頻電磁波，解決了無線電的發送問題。後來又把許多放大三極真空管串聯起來，製成多級放大器，再與振盪器配合，製成了強力無線電發射機。

　　無線電廣播是在電波上載荷聲音信號，真空管所取得的成果之一，就在於獲得了一種具有一定振幅和頻率的連續電波。利用真空管形成的連續電波，可以人為地改變載波的振幅和頻率，使其能夠載荷對人有用的資訊。第一次世界大戰期間，交戰雙方廣泛使用了無線電通信和無線電話。1918 年美國的愛德溫・霍華・阿姆斯壯(Edwin Howard Armstrong, 1890~1954)改進了無線電接收機的線路，發明了超外差電路，這一方式可防止兩個頻率相近的信號在接收機中發生干擾，進而能夠保證接收機接收各個不同頻率的廣播。

（二）調幅與調頻

　　廣播電臺依聲音訊號調變方式可分為調幅(AM)與調頻(FM)等兩系統（如圖 3-24），所謂調幅(Amplitude Modulation, AM)是指調

整讓電磁波的振幅隨著聲波的振幅強弱而改變（振幅隨時間改變），但所傳送電磁波的頻率不變，因此當聲波壓力最大時，振幅也最大，當聲波壓力最小時，振幅也最小，當聲波完全消失時，並沒有電磁波傳送出去。而調頻(Frequency Modulation, FM)是指調整讓電磁波的頻率隨著聲波的振幅強弱而改變（頻率隨時間改變），所傳送電磁波的振幅則不改變。當聲波壓力最大時，頻率也增加最大，當聲波壓力最小時，頻率也減少最小，當聲波完全消失時，所傳送的頻率就是電臺的頻率。

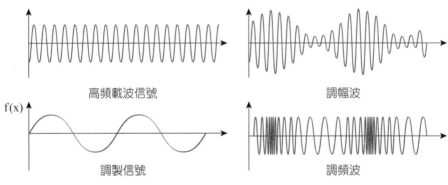

❷ 圖 3-24　調幅波與調頻波的示意圖

　　調幅電臺的優點是傳播距離長，調頻電臺的優點則是收聽的音質佳，第一座調頻電臺於 1940 年在美國成立，我國則於民國 57 年設立第一座調頻廣播電臺。從 20 世紀 40 年代起，陸續產生了新的廣播形態，主要是調頻廣播的出現，它與中波廣播相比，調頻廣播具有以下明顯的優越性：

1. 可以做高傳真廣播，聲音優美動聽、比較容易實現身歷聲廣播。

2. 調頻方式具有較高的抗電磁干擾能力。

3. 調頻廣播頻段可以容納大量發射機，播出多套節目。

4. 調頻廣播發射臺的服務範圍比中波發射臺大得多。

　　正因為這些特點，許多國家都已把調頻廣播作為國內廣播的主要收聽方式，通常一般調幅(AM)電臺的頻率在 550 kHz~1600 kHz，而調頻(FM)電臺的頻率則在 88 MHz~108 MHz。

（三）廣播接收機

　　廣播接收機通常稱為收音機(Radio)，1906 年美國人德·福里斯特(L. De Forest, 1873~1961)發明真空電子管，這是真空管收音機的始祖。在 1922 年美國大約只有不到 10 萬臺收音機，10 年後（1932 年）已達到 350 萬臺，又過了 10 年（1942 年），上升到 1300 萬臺。

　　初期接收廣播的機器有礦石收音機和使用 1~5 支真空管的收音機。直到 1948 年貝爾實驗室正式成功研製電晶體(Transistor)，這一成果是無線電技術發展史上又一新里程碑，因為電晶體對電子工業產生了革命性的影響，很快在收音機、電視機的生產中，立即採用電晶體代替真空管，廣播收音機發展到半導體階段（如圖 3-25 新力(SONY)公司於 1955 年推出全世界第一臺半導體收音機 TR-55）。此時，收音機開始真正地普及，廣播也成為最適合於貧窮國家的大眾傳媒，特別是地處偏遠和基礎設施落後的地區。

● 圖 3-25　全世界第一臺半導體收音機 TR-55

（四）數位音訊廣播

　　數位音訊廣播(Digital Audio Broadcasting, DAB)最早起源於德國，1980 年德國開始發展研究數位音訊廣播，這一項新的廣播傳輸技術，同時也是一項有別於傳統所熟知的 AM 與 FM 廣播技術，它可以透過衛星或地面發射站，以發射數位訊號來達到廣播之目的，以其具有 CD 音質之傳輸技術，建構了第三代廣播新紀元，同時又能以數據訊號傳輸各項資訊，這無疑是未來廣播之新利器。數位音訊廣播(DAB)將取代目前的調幅(AM)及調頻(FM)廣播，掀起第三代的廣播革命。

　　數位音訊廣播(DAB)的優點有：

1. 抗外界電磁干擾因素。

2. 不受電波傳輸時會衰弱的影響。

3. 收音機快速移動時接收不受影響。

4. 所發射的聲音品質良好。

5. 發射功率低。

6. 可同時傳送六個 CD 音質的立體聲節目或同時傳送數位服務資訊。

7. 具顯示螢幕(Display)可讀取各項圖文資訊。

8. 發射頻寬可以充分使用。

　　目前數位廣播結合了電腦網路、3G 通訊與 GPRS 等多媒體功能，提供了更多元及便利的服務（如圖 3-26）。

> 圖 3-26　線上收聽世界各地廣播電臺

3-5　電視的發展

一、電視傳播技術的演進

　　古人說：「秀才不出門，能知天下事。」這句話比喻讀書人書讀得很多，知識廣博，即使足不出戶，也能遍知天下事。但是隨著時代的演進，科技的進步與發達也讓我們能夠像古時候的秀才，不必出門就能夠吸取很多的知識與常識，那正是現在家家戶戶都有且每日生活皆需要的「電視機」。

　　科學家將源於古希臘文「遠」的「Tele」與英文代表「視」的「Vision」二字結合，而成今日電視的英文「Television」（簡稱TV），因此這個字蘊含有「能見遠方景象」之意。電視雖是上一個世紀初的發明，但它的普及率極高，因此至今仍可說是最具影響力的大眾傳播媒體之一。然而，電視機的發明，就如現代許多重大科技一樣，並非一蹴可幾，往往是由許多人的智慧結晶，歷經一長段時間和一系列的發明與改進，才能造就出今日電視機的各項功能。

（一）電視機的原理

　　電視理論的提出是由德國的科學家尼伯科(Nipkow Paul G, 1860~1940)於 1884 年發明「掃瞄金屬板」(Scanning Disc)開始，尼伯科 23 歲在柏林工科大學讀書時就認定，如果用一塊金屬板，板上鑿有規則的無數細小孔洞，讓光透過便可成無數光點，因光點有陰暗光亮的不同，則會形成影像，而光的亮度就由電流強弱來處理，這樣人們就可以藉著電流傳送，看到另一地方的影像，這種使畫面重現的方式稱為「機械式掃描法」，被公認是最早的電視原理。

　　英國的馬克士威(James Maxwell, 1831~1879)在 1864 年就曾發表電磁波存在的理論，到了 1887 年，德國物理學家海尼‧赫茲(Heinrich Hertz, 1857~1894)的實驗證實了電磁波像光波一樣可以在

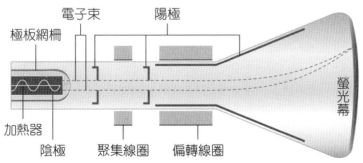

❷ 圖 3-27　布勞恩(Braun, 1850~1918)與他發明的陰極射線管構造

空氣中傳播。隔年有位科學家叫斯特‧樂托(A G Stoletov, 1839~1896)發明光電管(Photoelectric Cell)，這是一個由真空玻璃管，內壁塗以鹼金屬的陰極和一個相對前方位置的網狀陽極所組成的裝置。接著，1897 年德國科學家布勞恩(Karl Ferdinand Braun, 1850~1918)發明了電視機的重要映像裝置，叫陰極射線管(Cathode Ray Tube)，簡稱 CRT（如圖 3-27）。布勞恩與發明無線電報的馬可尼一同榮獲 1909 年的諾貝爾物理學獎。

（二）黑白電視機的發明

　　1920 年代電視技術從研究階段進入了實驗應用的階段，1925 年英國科學家貝爾德(John Logie Baird, 1888~1946)綜合先前各國科學家對電視方面的技術，最先研發出黑白電視機。貝爾德使用一個上有小孔的轉盤將攝影來的影像光影轉變成電子訊號，再以接收器轉換投映在螢幕上，製成了第一個電視發射和接收設備之解析度最高的電視圖像，且是人類有史以來最早的「電視播放影像系統」（如圖 3-28）。1926 年 1 月 26 日，貝爾德邀請英國皇家科學院院

❷ 圖 3-28　貝爾德(John Logie Baird, 1888~1946)所發明的機械式電視機與當時收視的圖像

士們觀看他將整個人物影像用電線傳訊到英國廣播公司(BBC)電臺，再由電臺以無線電波發射在貝氏實驗室中，電視機就可以收視到清楚的黑白影像，這是世界上第一座電視臺，於是後人尊稱貝爾德為「電視之父」。

　　1929 年美國籍俄人科學家茲沃金(V. K. Zworykin, 1889~1982)（如圖 3-29）改善了他的老師—俄國聖彼得堡大學教授羅辛(Boris Lvovich Rosing, 1869~1933)所提「全電子式電視」構想，製成新進現代化「攝影電子真空管」的電視攝影機。其組成圖像的解析度可以達到 500 條以上，他的發明穩定了日後電視攝影機和電視接收的成像原理與基礎，故他被美國尊為「現代電視之父」。

▶ 圖 3-29　茲沃金展示他所發明的電子式電視機

（三）彩色電視機的發明

　　然而人們對於黑白電視的出現並未感到滿足，當然希望能夠觀看到更接近現實情景的畫面。後來，人們根據紅、綠、藍三種基色光相加可得到不同彩色感覺的原理，開始彩色電視的研究。1940 年，匈牙利人波德‧戈德馬(Peter Goldmark, 1906~1977)發明了彩色電視機，而後電視的技術才正式走向了彩色的時代。

　　彩色電視的畫面是由光的三原色（紅、藍、綠）交織而成（如圖 3-30），其方法是將物體的色彩經過攝影機裡的濾光裝置分析出三原色後，分別調變成為電子訊號來傳送。當訊號從發射端（電視臺）傳送到接收端（家庭中的電視機）時，再藉由彩色電視將這些訊號分析投射出來，這樣的彩色電視技術讓我們坐在家中就可以看到好幾公里外所傳送給我們的節目、新聞或是資訊等的彩色畫面。

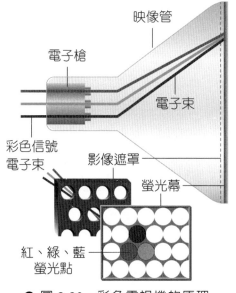

❷ 圖 3-30　彩色電視機的原理

　　電視這個複雜又神奇的裝置，是經由許多科學家日積月累的研究與改良所得到的成果，這些研究讓我們的生活更進步，也讓我們有更多的選擇，而我們也希望在不久後的將來，人們能夠把電視的功能發展得更加完備，讓人類的資訊社會更多采多姿。

　　電視臺或廣播電臺將影像及聲音轉換成電子訊號，透過無線電發射機形成無線電波，經由天線發射出去，而位在遠地的觀眾和聽眾可利用電視機的天線及收音機接收無線電波，還原成原來的影像

及聲音，這就是電視廣播的發射及接收的原理。無線電視是將調幅、調頻及電視三種廣播發射電波如下表 3-2 的方式分配頻率，使得電波在天空中傳送時彼此不會相互干擾。

表 3-2　廣播電視的頻道分配情形

服務	頻率	頻道總數	頻寬（一個電臺）
AM 廣播	535-1705 千赫（中波段 F）	117	10 千赫
FM 廣播	88-108 兆赫（VHF 波段 F）	100	200 千赫（相當於 20 個 AM 頻道）
VHF 電視	54-72 兆赫(2-4) 76-88 兆赫(5-6) 174-216 兆赫(7-13) (VHF)	12	6000 千赫（相當於 600 個 AM 頻道或 30 個 FM 頻道）
UHF 電視	470-806 兆赫(14-69) (UHF)	56	6000 千赫

二、我國電視的發展與監管體系

（一）我國電視的發展

我國首家無線電視臺為臺灣電視公司，係於民國 51 年成立，其後中視與華視於 58 年和 60 年相繼成立，民視則於 86 年 6 月 11 日開播，成為我國第 4 家無線電視臺。另外，作為提供公共議題討論空間並提高我國電視節目製作水準與服務弱勢族群的公共電視臺則於 87 年 7 月 1 日成立。

國內無線電視所使用的無線電波段為 VHF、UHF 和 VL，臺視、中視與華視以 VHF 波段廣播，民視則以較 VHF 頻率稍低的 VL 波段廣播，而公共電視臺則以 UHF 波段廣播。另外，數位電視的頻率範圍則屬 UHF 波段。若是想收看衛星廣播，則需加裝 BS 或 CS 天線，無線電視各種收視的天線種類如圖 3-31。

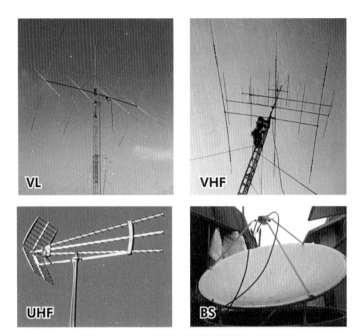

● 圖 3-31　無線電視各類型接收天線

　　國內電視的收視來源分為無線與有線兩大系統，七家無線電視臺目前播出二十二個無線數位頻道，後續的無線數位頻道釋照案如果全部順利釋出，未來無線數位頻道將會超過四十個，因此民眾只要花費數百元安裝機上盒即可免費收視，甚至有些液晶電視已內建數位機上盒，不需要另外安裝。由於是免費收視，這將可跟每個月收費五百至六百元的有線電視相抗衡。同時政府機關已於 2012 年將無線電視全面數位化，截至 2017 年底，有線電視數位化也已達到 98%，預計很快可達 100%，即無論有線或無線電視，將全部採取高畫質電視(High-definition Television, HDTV)規格。

（二）我國通訊傳播的監管體系

　　由於數位科技快速發展，網際網路、通訊科技與傳播媒體等領域匯流日深，服務的形態不斷推陳出新，改變了人類的傳播行為與

生活方式，更導致大眾傳播媒體所衍生的問題越來越多樣且越複雜化。為因應此一科技發展趨勢並有效兼顧全民之權益及產業蓬勃發展，政府於民國 93 年制訂公布「通訊傳播基本法」，在各界努力下於 95 年 2 月 22 日正式成立國家通訊傳播委員會 (National Communications Commission)，簡稱 NCC。NCC 是國內電信、通訊與傳播等訊息流通事業的最高主管機構（前述監管有線電視及無線電視數位化的政府機關即為 NCC）。

　　依《國家通訊傳播委員會組織法》規定，自國家通訊傳播委員會成立之日起，國內通訊傳播包括《電信法》、《廣播電視法》、《有線廣播電視法》與《衛星廣播電視法》等相關法規，其主管機關均變更為國家通訊傳播委員會。

　　依《NCC 組織法》第 3 條的規定，其所職掌之業務範圍包括以下項目：

1. 通訊傳播監理政策之訂定、法令之訂定、擬訂、修正、廢止及執行。

2. 通訊傳播事業營運之監督管理及證照核發。

3. 通訊傳播系統及設備之審驗。

4. 通訊傳播工程技術規範之訂定。

5. 通訊傳播傳輸內容分級制度及其他法律規定事項之規範。

6. 通訊傳播資源之管理。

7. 通訊傳播競爭秩序之維護。

8. 資通安全之技術規範及管制。

9. 通訊傳播事業間重大爭議及消費者保護事宜之處理。

10.通訊傳播境外事務及國際交流合作之處理。

11.通訊傳播事業相關基金之管理。

12.通訊傳播業務之監督、調查及裁決。

13.違反通訊傳播相關法令事件之取締及處分。

14.其他通訊傳播事項之監理。

國家通訊傳播委員會將持續秉持「促進通訊傳播健全發展、維護國民權利、保障消費者利益、提升多元文化」四大施政主軸，積極改善並提升整體通訊傳播的市場與環境，希望能帶領國人進入嶄新的優質生活。

習　題

一、選擇題

(　　)1. 1820 年代　(A)馬克斯威爾　(B)赫茲　(C)摩爾斯　(D)法拉第　以實驗發現了導線在磁場中運動時會有電流產生的現象，此即所謂的「電磁感應」。

(　　)2. 葛拉漢貝爾(Alexander Graham Bell, 1847~1922)於 1876 年發明了　(A)電燈　(B)電報　(C)電話　(D)電視機。

(　　)3. 1906 年 L.D.福里斯特(L. De Forest, 1873~1961)發明了三極真空管，它的主要作用為何？　(A)整流　(B)放大電流　(C)產生陰極射線　(D)調制聲音信號。

(　　)4. 光緒 12 年何人創設臺灣「電報總局」於臺北，建設電信線路並開辦電報業務？　(A)劉銘傳　(B)李鴻章　(C)沈葆楨　(D)曾國藩。

(　　)5. (A)第四代手機(4G)　(B)第三代手機(3G)　(C)第二代手機(2G)　(D)第一代手機(1G)　是以「看」電話為主，也就是可在手機上看電視、電影預告片，還可以下載全曲音樂等。

(　　)6. 開啟了人類歷史上第一次聲音無線傳播的窗口，被後代尊稱為無線廣播之父者是　(A)費森登　(B)德福里斯特　(C)茲沃雷金　(D)貝爾德。

(　　)7. 無線電波中的　(A)長波　(B)中波　(C)短波　(D)超短波主要依靠地球外太空電離層的反射，功率較大的話能夠傳播到幾千公里以外。

（　）8. 將電磁波的振幅隨著聲波的振幅強弱而改變，所傳送電磁波的頻率不變，這種調制方式稱為　(A)調幅　(B)調頻　(C)調波長　(D)調波速　技術。

（　）9. 民國 51 年我國首家成立的無線電視臺為　(A)華視　(B)中視　(C)民視　(D)臺視。

（　）10. 國內電信、通訊、傳播等訊息流通事業的最高主管機構是哪個單位？　(A)交通部　(B)新聞局　(C)經濟部　(D)國家通訊傳播委員會。

二、問答題

1. 說明由過去到現在人類長途通訊的方法有哪些？

2. 光通信系統可分為哪三大部分？

3. 清代臺灣本島電信路線經過哪些地方？

4. 試說明廣播電臺依聲音訊號調變方式分為哪兩種，及其差異為何？

5. 簡述國家通訊傳播委員會(NCC)整合了哪些通訊傳播法規？

參考文獻

1. Michael Pollard，《貝爾：通訊革命的先驅》，牛頓，1998。

2. Panasonic，http://discovery.panasonic.com.tw/。

3. 中華電信股份有限公司，《我國電信事業發展簡史》，
   http://www.cht.com.tw/aboutus/ourtelecomsevolve.html。

4. 王一川、陳開數，《改變歷史的 100 項發明》，牧村，1998。

5. 王朝網路，《電報的發展》，
   http://tc.wangchao.net.cn/baike/detail_1371.html。

6. 朴淑瑜、隋俊宇譯，《通訊與廣播—從有線語言到無線網路》，
   上海科學技術，2007。

7. 朱家宜、梁朝雲，〈臺灣數位廣播業者之經營策略研究〉，《視
   聽教育雙月刊》 48:6=288，第 25-44 頁，2007。

8. 行政院國家通訊傳播委員會，《NCC 業務範圍》，
   http://www.ncc.gov.tw/。

9. 吳佩諭，〈論我國廣播電視與電信事業跨業經營相關規範〉，
   《科技法律透析》19:7，第 29-34 頁，2007。

10. 奇摩知識網，《手機的由來與發展的過程及未來》，
    http://tw.knowledge.yahoo.com/question/
    question?qid=1008121607602。

11. 林立樹，《美國通史》二版五刷，五南，2011。

12. 哈爾・赫爾曼，李海倫譯，《明日的通訊》，今日世界，1978。

13. 孫寶傳，《新聞通信技術發展史》，
    http://art.tze.cn/Refbook/entry.aspx。

14. 耿建興、汪殿杰，《生活科技》，新文京，2010。

15. 陳瓊璋，《第四代行動通信之簡介與應用》，中華電信研究所，2008。

16. 彭懷恩，《傳播與社會課程講述》，
http://distance.shu.edu.tw/distclass/classinfo/8602cs01/c8602t01cst01.htm。

17. 黃炯、鄭銘和、賴顯榮，《生活科技》（上冊），龍騰文化，2002。

18. 傳播與社會課程講述要點，《傳播科技》第十四單元，
http://distance.shu.edu.tw/distclass/classinfo/8602cs01/c8602t01cst14.htm。

19. 維基百科，《行動電話》，
http://zh.wikipedia.org/w/index.php。

20. 維基百科，《電話的歷史》，
http://en.wikipedia.org.jp.mk.gd/wiki/History_of_the_telephone。

21. 維基百科，《臺灣數位無線電視》，
https://zh.wikipedia.org/wiki/%E8%87%BA%E7%81%A3%E6%95%B8%E4%BD%8D%E7%84%A1%E7%B7%9A%E9%9B%BB%E8%A6%96。

22. 劉洪才主編，《廣播電影電視專業技術發展簡史（上冊‧廣播電視）》，中國廣播電視出版社，2007。

23. 高凱聲，《臺灣經濟發展》，2002。

24. 《天下雜誌》，2015.12.06。

CHAPTER

04

光電科技

4-1 前 言

　　光電科技是一門尖端跨領域並且具有前瞻性的整合科技,現代生活中,幾乎所有的科技產品都與光電科技有關,例如:發光二極體(LED)、液晶顯示器(LCD)、數位相機、光碟機、數位影音光碟(DVD)、影像掃描器、雷射印表機、光纖與雷射等。

　　一般光電產業將其範圍大致分為六大類,分別為光電元件、光電顯示器、光輸出入、光儲存、光通訊、雷射與其他光電應用等,如表 4-1。由於光電產品太多,本章只挑選其中比較容易接觸到的產品作介紹。

表 4-1 光電產品界定範圍

分類	項目
光電元件	雷射二極體、發光二極體、接觸式影像感測器、太陽能電池與電荷耦合元件(CCD)。
光電顯示器	液晶顯示器(LCD)、發光二極體顯示幕(LED Display)、真空螢光顯示器(VFD)、電漿顯示器(PDP)、有機電激發光顯示器(OLED)與場發射顯示器(FED)。
光輸出入	影像掃描器、條碼掃描器、雷射印表機、傳真機、影印機與數位相機。
光儲存	CD、VCD、DVD、CD-R、CD-RW、DVD±R 與 DVD±RW。
光通訊	光纖、光纜、光主動元件與光被動元件。
雷射及其他光學應用	工業雷射、醫療雷射與光感測器。

4-2　發光二極體

　　發光二極體(Light Emitting Diode, LED)是一種半導體元件，早期大多作為指示燈（圖 4-1）或顯示板使用，隨著白光發光二極體的出現，也開始有了全彩廣告螢幕（圖 4-2）和照明（圖 4-3）的用途。它是 21 世紀的新型光源，具有效率高、壽命長與不易破損等傳統光源無法相比較的優點。當加上正向電壓時，發光二極體能發出單色且不連續的光，如果改變半導體材料的化學成分，更可使發光二極體發出接近紫外線、可見光或紅外線的光。

❷ 圖 4-1　交通號誌指示燈

❷ 圖 4-2　全彩廣告螢幕

❷ 圖 4-3　LED 燈

　　發光二極體（圖 4-4）的構造包含芯片、封裝與支架等，主要的發光體是芯片中的晶粒，而外層的封裝成分是環氧樹脂，頂端可做成聚光的透鏡，用以控制發光角度。除此之外，還用來固定引出導線的支架。引線支架則是把電流導入晶粒使其發光。

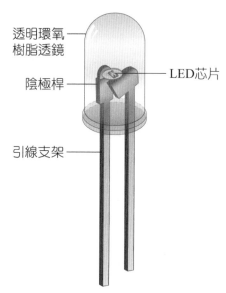

透明環氧
樹脂透鏡

LED芯片

陰極桿

引線支架

❷ 圖 4-4　發光二極體的簡單構造示意圖

　　發光二極體是利用電能轉換成光能的方式發光，也就是將電流通到半導體晶體上，藉由半導體內電子與電洞的結合，產生能量而發光。早期發光二極體的材質為砷化鎵(GaAs)，只能發出紅外線或紅光。後來，1993 年成功地將氮滲入半導體中，造出具有商業價值的藍光 LED。

　　隨著材料科學的進步，各種顏色的發光二極體都可以製造。不同材料的晶粒可以發出不同顏色的光，像氮化鎵 LED 可以發出藍光或綠光，鋁銦鎵磷 LED 則可以發出紅光、綠光或黃光，至於白光 LED，則是由氮化物的藍色 LED 激發螢光粉，使其發出黃色光，利用藍光與黃光互補色的原理混成白光。

　　整個 LED 的生產流程從磊晶製造開始，然後製造各式晶粒，再經封裝測試，最後製成各種應用產品。磊晶的製造方法大致上分為三種：1.液相磊晶法(Liquid Phase Epitaxy, LPE)、2.氣相磊晶法(Vapor Phase Epitaxy, VPE)與 3.金屬有機物化學氣相沉積法(Metal Organic Chemical-vapor Deposition, MOCVD)。

　　封裝測試部分則包含了下列的步驟：1.晶片的檢驗和清洗、2.裝架、3.壓焊（將電極引到 LED 晶片上）、4.封裝、5.切割及 6.測試與包裝等。

　　LED 在使用上有下列優點：

1. 發光效率高，比較省電。LED 的發光效率比燈泡高，但與螢光燈差不多，隨著時間的推移，LED 的光效會越來越高。

2. 反應時間快，可以達到很高的閃爍頻率。

3. 使用壽命長，在適當的散熱和應用環境下，使用壽命大約是螢光燈的 3 倍，白熾燈泡的 30 倍。

4. 由於是固態元件並且沒有燈絲，相對於螢光燈與白熾燈等來說，可以承受更大的機械衝擊。

5. 體積可以做得非常細小（小於 2mm）。

6. 因為發光體積小，容易以透鏡方式達到所需要的集散程度，藉由改變封裝外形，使得發光的方向性可以從大角度的散射到比較集中的小角度。

7. 能在不加濾光器的情況下提供多種不同顏色，而且單色性強。

8. 白色 LED 的覆蓋色域比其他白色光源廣，所以色域更豐富。

9. 發光型態屬於冷光，並且不包含紅外光或者紫外光，適合注重保護被照對象的場合，例如博物館展品的照明應用。

　　雖然 LED 有上述諸多優點，但也有一些需要克服或注意的缺點：

1. 散熱問題，如果散熱不佳，則使用壽命會大幅縮短。

2. 除非購買高級產品，否則省電性還是低於螢光燈，甚至低於省電燈泡。

3. 初期成本較高。

4. 因光源屬於方向性，燈具設計需考量光學特性。

5. 即使是同一批次的單顆 LED 產品，產品個體之間也存在著光透量、顏色與前向電壓的差別，所以一致性差。

　　未來 LED 的發展趨勢將朝向手提、口袋化 (Portable, Pocketable)、全彩(Full Color)、低成本與面板化發展，而其應用範圍則包括：1.資訊產品（指示燈、光源、背光源）、2.通訊產品（指

示燈、光源、顯示面板)、3.消費性電子產品、4.看板、5.號誌與 6.
汽車(儀表板、煞車燈、車尾燈)等。

　　另外還有有機發光二極體(Organic Light Emitting Diode, OLED)
的研發,其主動且為面型發光、質軟、全彩、可調色、亮度高且便
宜,使用範圍更廣。發光二極體根據其不同種類而有不同的應用,
如表 4-2 所示:

表 4-2　發光二極體的種類與應用

LED 分類		材料	應用
可見光 LED(450~780nm)	一般亮度 LED	GaP 、 GaAsP 、 AlGaAs	3C 家電、資訊產品、通訊產品與消費性電子產品
	高亮度 LED	AlGaInP (紅、橙、黃)	戶外全彩看板、交通號誌、背光源與車用照明
		InGaN (藍、綠)	
		GaInN + 螢光粉 (白色)	背光源與照明
不可見光 LED(350~400nm)	白光 LED	GaInN + 螢光粉 (白色) AlGaInN + 螢光粉 (白色) AlGaN + 螢光粉 (白色)	白光照明、生化檢測、高密度光儲存與無線傳輸
不可見光 LED(850~1,550nm)	短波長紅外光 (850~950nm)	GaAs、AlGaAs	IRDA 模組與遙控器
	長波長紅外光 (1,300~1,550nm)	AlGaAs	光通訊光源

資料來源: http://www.icdf.org.tw/web_pub/ 20060331181749LED 產業報
　　　　　告.doc

4-3 液晶顯示器

　　由於液晶顯示器(Liquid Crystal Display, LCD)具有薄型化、輕量化、低耗電量與無輻射汙染，使得各項資訊產品中到處都有液晶顯示器的存在，例如：筆記型電腦、行動電話、數位相機與個人數位助理(Personal Digital Assistant, PDA)等。同時也造成傳統使用陰極射線管的電視機幾乎完全消失在各電器販賣場中。

　　液晶究竟為何呢？其實液晶有別於一般我們所知道的固相、液相與氣相三種物質狀態，它是一種可以兼具液體流動性質以及規則排列晶體光學性質的物質狀態。早在 1883 年，奧地利植物生理學家萊尼茨爾(Friedrich Reinitzer, 1857~1927)在植物內加熱苯甲酸膽固醇酯來研究膽固醇，結果觀察到苯甲酸膽固醇酯在熱熔時出現異常行為的表現。該物質在加熱至 145.5℃時會熔化呈白濁狀液體，若再加熱至 178.5℃時則呈現透明的均向液體。當溫度開始下降，此澄清液體又出現混濁狀並且瞬間呈現藍色，若溫度再繼續下降，則又形成固體的結晶狀態，如圖 4-5 所示。

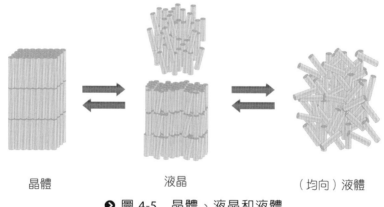

晶體　　　　　　液晶　　　　　（均向）液體

❷ 圖 4-5　晶體、液晶和液體

　　液晶顯示器是以液晶分子材料為基本要素，將其置於兩塊經過
配向處理之玻璃板之間。如果電極間沒有液晶分子，則因為兩塊偏
光過濾片的方向互相垂直，所以光完全被阻擋下來。但是，如果液
晶改變了通過其中一塊偏光過濾片的光線方向，則光線就可以透過
另外一片偏光過濾器了。液晶改變光線偏振方向的旋轉，可利用在
電極之間加入電場來加以控制。因此，在不加電壓下，光線沿著液
晶分子的間隙前進而轉折 90 度，所以光可通過。但加入電壓後，
光順著液晶分子的間隙直線前進，因此光被濾光板所阻隔，這就是
液晶的顯示原理，如圖 4-6 所示。

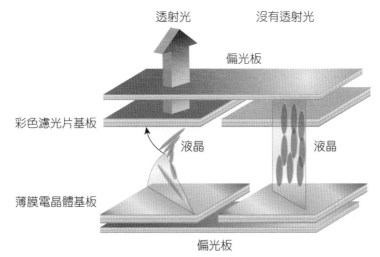

透射光　　　　沒有透射光

偏光板

彩色濾光片基板

液晶　　　液晶

薄膜電晶體基板

偏光板

❷ 圖 4-6　液晶顯示原理

　　圖 4-7 顯示一個簡單的液晶顯示器構造。導光板將背光燈所提
供之光源導入液晶材料中，經偏光板與濾光板之作用，最後透過配
向膜導出。配向膜是控制 LCD 顯示品質的關鍵材料，用於液晶顯
示器上下電極基板的內側，呈現鋸齒狀的溝槽目的在使液晶分子沿
著溝槽整齊排列方向，避免造成光線的散射。

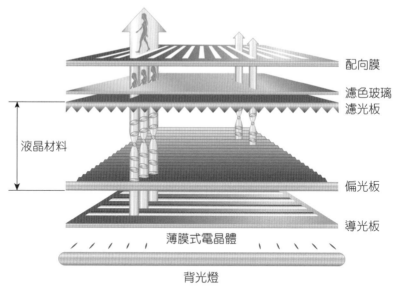

配向膜

濾色玻璃
濾光板

液晶材料

偏光板

導光板

薄膜式電晶體

背光燈

❷ 圖 4-7 液晶顯示器簡單構造圖

　　液晶顯示器依據驅動方式可分為被動式驅動及主動式驅動二種，前者的面板單純地由電極與液晶所構成，並在上下基板配置行列矩陣式的掃描電極和資料電極，直接運用與掃描訊號同步的方式，由外部電壓來驅動各畫素內的液晶，以達到對比顯示之作用。不過當畫面密度越高，所需的掃描線數越多，每一畫素所分配到的驅動時間就越短，造成顯示對比值降低。為改善這個問題，可利用主動矩陣的驅動方式，運用薄膜電晶體或金屬絕緣層金屬二極體的主動元件來達到每個畫素的開關動作。當輸入一掃描訊號，使主動元件為選擇（開）狀態時，所要顯示的訊號就會經由該主動元件傳送到畫素上。反之，若為非選擇（關）狀態時，顯示訊號被儲存保持在各畫素上，使得各畫素有記憶的動作，並隨時等待下一次的驅動。

　　LCD 不同於自發光型顯示器，液晶只是扮演著光閥的作用，所以需要光源的照明。液晶顯示器依據照明光源可分為穿透式（圖 4-8）、反射式（圖 4-9）與半穿透反射式（圖 4-10）的顯示器件。穿透

式 LCD 由一個螢幕背後的光源照亮，而在螢幕另一面觀看。這類
LCD 多用在高亮度顯示的應用中，例如：電腦顯示器、PDA 與手機
中。反射式 LCD 是以外界環境光為光源，利用液晶面板下方的反射
板將照明光反射回來，照亮螢幕。這類 LCD 明顯降低功耗並且具有
較高的對比度，常見於電子鐘錶與計算器中。半穿透反射式 LCD 既
可以當作穿透式使用，也可當作反射式使用。當外部光線充足時按照
反射式工作，而當外部光線不夠時就改以透射式使用。

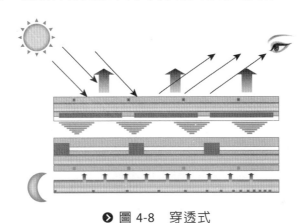

❷ 圖 4-8　穿透式

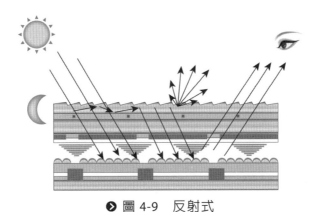

❷ 圖 4-9　反射式

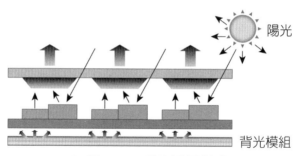

陽光

背光模組

❷ 圖 4-10　半穿透反射式

　　液晶顯示器的彩色技術是在透明玻璃上塗覆一層含有紅、綠、藍三原色的透明濾光薄膜來達成的。這個濾光膜在自然光通過時即產生濾光的效果，不同顏色的濾光膜產生不同的色光，所以濾光膜可以實現平面顯示器的全彩效果。

　　顯示器的性能一般可以由下列之指標來決定：

1. **螢幕尺寸**：一般以英寸來表示螢幕的可視面積或實際面積，另外也有標示螢幕顯示的縱橫比，即水平與垂直之比，像是 4:3、16:9 或 16:10 等。

2. **解析度**：以每平方英寸含有的點數來表示，即 dpi(Dots Per Inch)，一般規格為 72dpi 到 96dpi。

3. **點距**：以毫米(mm)表示，通常規格為 0.18mm 到 0.25mm。

4. **刷新率**：只適用於陰極射線管顯示器，以赫茲(Hz)為單位，一般規格為 60Hz 到 120Hz。

5. **亮度**：以流明(Lux)為單位。

6. **對比度**：最高亮度與最低亮度之比，一般為從 300:1 到 10,000:1。

7. **能耗**：即消耗功率，以瓦特(W)為單位，當顯示器進入待機狀態時，能量消耗比較小。

8. **反應時間**：以毫秒(ms)表示，其表示一個像素從活動（黑）到靜止（白）狀態，再返回到活動狀態所使用的時間，此數值越小越好。

9. **可視角度**：在縱橫方向可以看到圖像的最大角度。

表 4-3 比較了傳統陰極射線管、液晶與電漿三種型式顯示器的優缺點：

表 4-3　各種顯示器的比較

種類	優點	缺點
陰極射線管	1. 對比度高。 2. 響應速度高。 3. 尺寸大。 4. 使用壽命長。 5. 色域寬。 6. 顏色響應準確。 7. 適合出版、繪圖等應用。	1. 體積大。 2. 重量大。 3. 存在幾何畸變現象。 4. 功耗較大。 5. 有輻射。 6. 長時間使用令人眼部不適。 7. 含鉛，丟棄後會汙染環境。 8. 易受外來磁場干擾而出現色斑。 9. 長時間顯示同一畫面，會有殘影。
液晶顯示器	1. 體積小。 2. 功耗低、省電。 3. 發熱量低。	1. 顯示色域不夠寬，顏色重現不夠逼真。 2. 可視角度不夠廣（已改善）。 3. 響應速度偏低。 4. 長時間顯示同一畫面，會有殘影。 5. 長時間使用可能產生亮點、暗點、壞點。

表 4-3 　各種顯示器的比較（續）

種類	優點	缺點
電漿顯示器	1. 對比度高。 2. 響應速度高。 3. 體積小。 4. 重量輕。 5. 尺寸大。 6. 無液晶顯示器的傾視死角。	1. 無法改變解析度。 2. 只能做成大尺寸。 3. 功耗較大。 4. 工作溫度高。 5. 容易發現烙印現象。

4-4　數位相機

　　傳統相機（圖 4-11）是將外界影像透過光學鏡頭的聚焦，使底片上的感光劑產生光化學反應來記錄圖像，而數位相機（圖 4-12）則是利用影像感測器，例如光感應式的電荷耦合元件 (Charged-couple Device, CCD) 或是互補式金屬氧化物半導體 (Complementary Metal-oxide-semiconductor, CMOS)等將光學影像訊息轉換成電子數據，然後經過微處理器的演算編碼後，將資料儲存於儲存設備中。

❷ 圖 4-11　傳統相機與感光底片

● 圖 4-12　各種廠牌的數位相機

一、電荷耦合元件(CCD)

　　電荷耦合元件（圖 4-13，CCD）是一種有許多電容整齊排列的集成電路裝置，這種裝置的特性是利用交互變化的電壓在半導體表面傳遞電荷，以注入電荷的方式輸入資料，就可以作為記憶裝置。而利用半導體受光產生的光電子則能使 CCD 產生電荷，而形成數位影像。一般彩色數位相機是將拜爾濾鏡加裝在 CCD 上，每個像素都接受感光訊號，但卻只能產生紅、綠或藍其中一種數值，所以色彩解析度不如感光解析度。如果價格不是考慮重點，則可以利用 3 片 CCD 和分光稜鏡組成的系統，這樣就可以將顏色分得很好。

● 圖 4-13　電荷耦合元件(CCD)

二、互補式金屬氧化物半導體(CMOS)

互補式金屬氧化物半導體（圖 4-14，CMOS）是一種積體電路製程，可以在矽晶圓上製作出 P 型和 N 型金屬氧化物場效電晶體(P-channel and N-channel MOSFET)，簡記為 PMOS 和 NMOS。由於 PMOS 與 NMOS 在特性上為互補性，因此稱為 CMOS，它可以廣泛用來生產各種數位邏輯電路。

❷ 圖 4-14　互補式金屬氧化物半導體(CMOS)

CMOS 製成的影像感測器是一種感光元件，它是把邏輯運算功能變成為接收外界光線轉為電能，再經晶片的數位—類比轉換器將影像訊號變為數位訊號輸出。CMOS 只會在電晶體需要切換開關時才會消耗能量，因此非常省電並且發熱少。同時，數據傳輸也比較快，所以有越來越多的高解析度和消費型數位相機改採用 CMOS 裝置。表 4-4 為 CCD 和 CMOS 的特性比較：

表 4-4　CCD 與 CMOS 的比較

影像感測器種類	特性
電荷耦合元件(CCD)	1. 感光能力強。 2. 解析度高。 3. 畫素數可超過百萬。 4. 需三種電壓：15V、5V 與-9V。 5. 耗電量較高。
互補式金屬氧化物半導體(CMOS)	1. 解析度差，約 8 萬畫素。 2. 消耗電力小，只需單一電壓 5V。 3. 可模組化生產，組裝容易。

三、數位相機與傳統相機之比較

數位相機比傳統相機優越的地方有：

1. 記憶卡價格下降，並且可以重複使用，在經濟效益上超越傳統底片。

2. 透過顯示器可以立即得知數位拍攝的影像效果，不必等到底片沖洗後才發現。

3. 容易備份儲存，減少遺失風險，並且影像不會因為年代久遠而泛黃。

4. 可用編輯軟體後製（旋轉、裁切與調整對比等），但是傳統底片必須在暗房內才能後製，而且後製失敗，底片無法復原。

5. 相片的觀賞比傳統相紙尺寸具有更多的選擇。

6. 可自行透過彩色印表機列印相片。

7. 透過網路迅速分享相片。

四、數位相機之規格

（一）畫素

　　高畫素並不保證可以得到高畫質的影像品質，這還牽涉到相機所使用的鏡頭、影像感測器以及色彩和光學技術，另外也和拍攝者的技巧有關。如果要洗一張 4×6 的相片，而一般相片的解析度約 300dpi（dpi 是指每英寸的點數），所以需要 $(4 \times 300) \times (6 \times 300) = 1,200 \times 1,800 = 2,160,000$，也就是大約 2 百萬畫素左右的相機即可。現在的數位相機幾乎都具有千萬像素以上的規格，而高畫素的好處是裁剪時可以有多一點的修飾。

（二）感光元件

　　如前所述，感光元件有分為電荷耦合元件(CCD)和互補金屬氧化半導體(CMOS)兩種。CCD 輸出的影像品質非常好，但缺點是生產成本較高而且耗電量也比較大。CMOS 元件的優點是生產成本及耗電量較低，而最近 CMOS 的技術已有大幅改善，影像品質已經可以和 CCD 相比，所以也開始被用在專業級的數位單眼相機中。

（三）光學變焦倍數

　　光學變焦的放大倍率，與傳統相機的設計一樣，取決於相機鏡頭之焦距。光學變焦倍數越高代表可以把要拍攝的主題拉得更近。

（四）數位變焦倍數

　　數位變焦只是將 CCD 所截取之影像加以裁剪，甚至將裁剪後的影像放大為原圖大小。因此，利用數位變焦所截取之影像，其解析度與畫質較差。

（五）對焦範圍

對焦範圍是指相機必須離主題一個距離才有辦法進行對焦，例如：一般相機的對焦範圍為 W: 30cm ／ T: 200cm。其中，W: 30cm 是指是沒有變焦的時候，必須離主題 30 公分遠才有辦法進行對焦；T: 200cm 是指在最高變焦值（望遠端）的時候，必須離主題 200 公分遠才有辦法進行對焦。另外，Macro 是指功能設定在微拍模式的時候。

（六）最大影像解析度

解析度越高輸出沖洗的相片品質越好，表 4-5 是總像素和相片解析度與建議的相片沖洗大小的關係：

表 4-5　總像素和相片解析度與建議的相片沖洗大小

總像素	相片解析度	建議的相片沖洗大小
1300 萬	3300×4200	11 "×14 "或 B4
800 萬	2480×3508	8 "×11.5 "或 A4
500 萬	2560×1920	8 "×10 "
400 萬	2272×1704	7.5 "×10.25 "
310 萬	2048×1536	5 "×7 "
200 萬	1600×1200	4 "×6 "
120 萬	1280×960	3 "×5 "
30 萬	640×480	2 "或 1 "大頭照

（七）視訊輸出

主要分為 NTSC 和 PAL 兩種，NTSC 為北美、日本與臺灣等地區的電視視訊標準，而 PAL 則為歐洲、澳洲、中國與泰國等地區採用的電視標準。

（八）最大光圈

一般來說最大光圈的數值越大越好，當光圈越大時，相對的可以提高快門。例如：F2.8(W) ／ F3.3(T)是指沒變焦（廣角端）的時候，最大光圈為 F2.8，而在最高變焦值（望遠端）的時候，最大光圈為 F3.3。

（九）快門範圍

快門是一組做在相機機身內的裝置，用來控制光量進入底片的感光時間長短，並且會影響畫面的動感。一般而言，快門的時間範圍越大越好。

（十）ISO 感光值

感光值是底片對於光線的敏感度，如果 ISO 感光值越小(80、100)，所需要的光線就越多，曝光時間就要越長，比較適合搭配慢快門拍照的環境使用。若將底片感光度設定 ISO 200，則所需要光線只需要 ISO 100曝光時間的一半。感光度越高，畫質會越粗，所以，一般我們會把 ISO 降低，避免畫質變粗。

（十一）白平衡

自動修正光線組合的能力稱為白平衡。物體本身的顏色，會因為照射在物體上的光線顏色而改變，人眼會自動修正這樣的變化，但 CCD 不具備這樣的功能。白平衡校正功能就是讓相機透過計算不同光照平均值，自動調節內部的色彩平衡，來達到所有條件下均能真實再現白色的效果。

（十二）ISO、光圈與快門

　　ISO 越高，快門越快，但是雜訊也就越高。如果在一樣的 ISO 和光圈值，快門越慢，曝光量也就越多；快門越快，曝光量也就越少。當光圈越大（F 值越小）時，曝光量就越多，快門也就越快，景深也就越小（背景模糊）；當光圈越小（F 值越大）時，曝光量就越少，快門也就越慢，景深也就越大（背景清晰）。

4-5　光碟片與光碟機

　　在科技高度發達的時代，各類資訊快速成長，為了有效率地儲存和讀取這些大量的訊息，高容量以及高存取速率的儲存系統就變得非常重要。儲存設備的種類非常多，例如：軟碟（圖 4-15~4-17）、磁帶（圖 4-18）、硬碟（圖 4-19）與光碟（圖 4-20）等都是。在這些儲存方式中，光碟系統具有下列獨特的優點：1.儲存密度高、2.資料傳輸率快、3.存取時間短、4.體積小與 5.攜帶方便等。

❯ 圖 4-15　5.25 吋軟碟機

❷ 圖 4-16　3.5 吋軟碟機

❷ 圖 4-17　3.5 吋磁碟片

❷ 圖 4-18　磁帶機

● 圖 4-19　硬碟

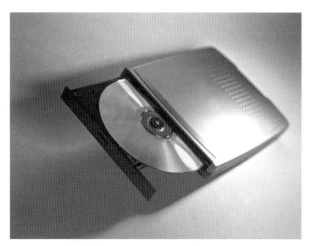

● 圖 4-20　光碟片與光碟機

一、光碟片

　　光碟在資料寫入後即存放於其他安全的空間，適合資料長期或永久保存，但是其資料的相對即時性較差，不易修改。光碟系統大致上可以區分成三大類型：唯讀型、一次寫入型與可擦寫型。

（一）唯讀型光碟片

　　最常見的唯讀型光碟就是 CD-ROM(Compact Disc Read-only-memory)。光碟片是在一定尺寸（12cm 或 8cm）的薄塑膠（大部分是聚碳酸酯）基板上，以螺旋狀分布的小訊坑(Pit)型態來記錄已經編碼的資料。資料的讀取是利用物鏡將雷射光聚焦在光碟片的表面上，因為雷射光點照射在記錄區與非記錄區造成不同強度的反射光，由此來判別讀到的資料訊坑之變化。光碟機中的偵測器分析反射光的強度，確認是否正確聚焦及追循訊息軌跡，並且將光訊息轉換為電流，再透過晶片轉成電腦可接受的數位訊號。圖 4-21 顯示上述有關光碟片資料讀取的示意圖。

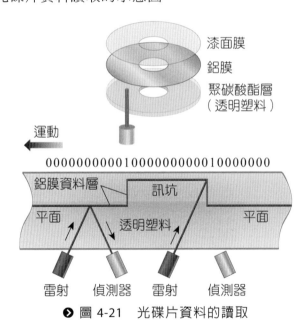

● 圖 4-21　光碟片資料的讀取

（二）一次寫入型光碟片

　　一次寫入型（一般稱為燒錄片）光碟片在資料寫入後就不可以將資料擦拭掉，這時就變成唯讀型光碟片。目前有兩種方式來寫入資料：燒洞式與起泡式。燒洞式是使用高能量雷射光照射在空白記錄區，有機染料因受熱蒸發而形成坑洞。另外，起泡式則是將有機染料物質以旋轉塗布的方法極薄地覆蓋在平滑的光碟片上，當雷射光照射時，表面材料因受熱而膨脹，使資料區形成氣泡。在讀取資料時，因為記錄區與非記錄區會有不同折射率的變化，使得金屬反射層呈現不同的反射光，因而達到儲存資料的目的。

（三）可擦寫型光碟片

　　可擦寫型(Re-writable)光碟片可分為磁光型和相變化型。磁光型系統是利用偏振光在通過碟片中的磁光材料後產生偏振面而旋轉的原理來做寫入、擦拭及讀取的操作。磁光型的重寫次數可高達百萬次，不過重寫資料時必須先將舊資料擦拭後才能寫入新的資料。代表性的磁光型光碟機產品有 MO（3.5 吋及 5.25 吋等類型）與MD 等。圖 4-22 顯示的是外接式 MO 光碟機。相變化型光碟的記錄層是以相變材料為主，利用雷射脈衝照射材料產生不同的升溫與降溫，使記錄材料膜產生結晶與非結晶的不同相態(Phase)的物理結構變化，達成寫入及擦拭的動作。在寫入資料時，高功率雷射光照射膜面使其呈現熔融狀態，造成原來的結晶結構遭到破壞，原子的排列因受熱而產生雜亂的不規則狀，然後再急速冷卻材料，使原子維持高溫不規則的非結晶相，變成低反射率狀態，此時即完成寫入動作。

　　若要擦拭紀錄，則是讓雷射光照射溫度高於結晶溫度而低於熔點，再使記錄膜層徐徐冷卻，讓原子有足夠的動能與時間規則排列，還原結晶狀態，完成資料的擦拭。資料讀取時，利用低能量雷射光照射（溫度低於結晶點而不改變膜相），讀取各記錄點因結晶和非結晶狀態所產生的不同反射率，判斷出 0 與 1 的數位訊息。

❷ 圖 4-22　外接式 MO 光碟機

二、光碟機

　　用來讀取光碟片的機器稱為光碟機，它是一個結合光學、機械與電子科技的高科技產品。光碟機的機械裝置中共有三個馬達，分別控制不同的功能：1.旋轉光碟片的馬達、2.驅動雷射針頭讀取資料的馬達與 3.專門負責驅動光碟片的插入和退出裝置的馬達。除了馬達裝置外，可能還有一些裝置，像是光碟收入／彈出鈕、音量控制鈕、耳機插座、強制退出孔與指示燈等。

（一）DVD 光碟機

　　一般光碟片的儲存容量最高約達 680MB，直到數位影音光碟 (Digital Versatile Disc, DVD)採用較短波長的雷射光，並且提高光碟片資料的密度，使得 DVD 的儲存容量可以高達 4.7GB。如果採取雙面雙層的記錄方式，容量更可高達 17GB。DVD 光碟片也像一般 CD 一樣發展出唯讀型光碟(DVD-Rom)、一次寫入型光碟(DVD±R)與可擦寫型光碟(DVD±RW)三種類型。

（二）藍光光碟機

　　接在 DVD 之後的光碟格式為藍光光碟（圖 4-23，Blu-ray Disc），它是採用波長 405nm 的藍色雷射光束來進行讀寫操作，故以藍光稱之。要注意的是，CD 採用的雷射光波長是 780nm 的紅外線，而 DVD 則是採用 650nm 的紅光雷射。圖 4-24 說明了 CD、DVD 和藍光光碟在不同波長使用下，資料寫入情形的比較。單層藍光光碟的容量可以達到 25GB，雙層則高達 50GB。藍光光碟可以有這麼高的容量，除了改用非常短波長的藍光之外，主要是因為有下列三種寫入的模式：

1. 讀取訊坑用的藍色波長比紅色小：藍光光碟的資料訊坑(0.15μm) 變得更小，所以縮小雷射點、縮短軌距(0.30μm)而增加了容量。

2. 利用不同反射率達到多層寫入效果。

3. 溝軌併寫方式，增加記錄空間：由於最近 3D 影片非常流行，而一部 3D 電影所需要的空間容量相當高，藍光光碟的誕生正好符合這項趨勢的發展。

❷ 圖 4-23　藍光光碟

CD	DVD	BD
780nm 紅光雷射 鏡片孔徑＝0.45	650nm 紅光雷射 鏡片孔徑＝0.6	405nm 藍光雷射 鏡片孔徑＝0.8

 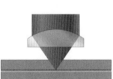

一層 1.2mm 厚的 聚碳酸酯層	兩層 0.6mm 厚的 聚碳酸酯層	一層 1.1mm 厚的 聚碳酸酯層

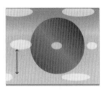 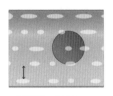 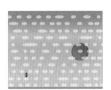

軌距＝1.6μm	軌距＝0.74μm	軌距＝0.30μm

❷ 圖 4-24　CD、DVD 和藍光光碟資料寫入的比較

4-6　記憶卡與隨身碟

　　由於行動電話、數位相機、音樂播放器和掌上型遊戲機等隨身可攜式裝置在尺寸上不斷縮小，使得這些相關產品需要小型甚至微型化的記憶卡。記憶卡(Memory Card)，或稱快閃記憶卡(Flash Memory Card)，是一種固態電子快閃記憶體資料儲存裝置，一般是使用快閃記憶體(Flash)晶片作為儲存介質。它具有可重複讀寫的功能，並且是一種不需要外部電源的儲存形式。快閃記憶卡曾被視為軟碟的替代品，但是這個角色很快就被隨身碟所取代。

　　如表 4-6 所示，記憶卡型式有很多種。早期的記憶卡型式是一種稱為 PCMCIA 的記憶卡（簡稱 PC 卡），1990 年代就開始商業量產。同時期也出現較小型的卡，包括 CF 卡、SM 卡和 Mini 卡等。

表 4-6　常見的記憶卡格式

格式	縮寫	尺寸
Compact Flash I	CF I	43 × 36 × 3.3 mm
Compact Flash II	CF II	43 × 36 × 5 mm
Smart Media Card	SMC	45 × 37 × 0.76 mm
Memory Stick	MS	50.0 × 21.5 × 2.8 mm
Memory Stick Duo	MS DUO	31.0 × 20.0 × 1.6 mm
Memory Stick Micro	M2	15.0 × 12.5 × 1.2 mm
Multimedia Card	MMC	32 × 24 × 1.5 mm
MMC micro Card	MMC micro	12 × 14 × 1.1 mm
Secure Digital Card	SD	32 × 24 × 2.1 mm
Mini SD Card	miniSD	21.5 × 20 × 1.4 mm
Micro SD Card	microSD	11 × 15 × 1 mm

從 1990 年代後期到 21 世紀初期，又出現一些新的卡式，例如 SD/MMC、xD 圖像卡和一些衍生的其他格式。在當時，數位相機多使用 SM 卡和 CF 卡。到了 2005 年，SD/MMC 卡已經取代了 SM 卡的位置。在工業領域，前任王者 PC 卡還能維持生計，主要用於工業裝置或承擔輸入、輸出功能，作為裝置的連線標準；在行動電話方面，記憶卡市場已經群雄紛爭了。為了使這些記憶卡中的資料能傳輸到一般電腦，大多數電腦都內建了多功能的讀卡機。

一、Compact Flash（CF 卡）

CF 卡（圖 4-25）是一種用於可攜式電子設備的數據儲存設備，於 1994 年由 SanDisk 公司生產並制定了相關規範。從外形上可分為兩種：CF I 及 CF II。從速度上可以分為 CF 卡、高速 CF 卡（CF ＋ / CF 2.0 規範）、CF 3.0、CF 4.0 等。CF II 卡槽主要用於微型硬碟等一些其他的設備。

❷ 圖 4-25　Compact Flash（CF 卡）
（圖片來源：http://img.diytrade.com/cdimg/1632688/26528484/0/
1340691155/Sandisk_512MB_Compact_Flash_CF_Memory_Card.jpg）

CF 是最老也是最成功的標準之一，尤其是在早期的專業數位相機市場。它可以透過適配器直接用於 PCMCIA 卡插槽，也可以透過讀卡機連接到多種常用的埠，如 USB、Firewire 等。另外，由於它的尺寸較大，大多數較晚出現的其他小型記憶卡，都可透過適配器在 CF 卡插槽上使用。

二、Smart Media Card（SMC 卡）

SM 卡（圖 4-26）是一種快閃記憶體，由東芝公司在 1995 年推出，現在被用在數位相機、數位播放器和 PDA 等設備上。SM 卡曾是數位相機普遍支援的儲存格式，但是因為數位相機尺寸不斷縮小，使 SM 卡尺寸相對顯得太大，又沒有 128MB 以上的容量，導致 SM 卡的沒落。

● 圖 4-26　Smart Media Card(SMC 卡)
（圖片來源：http://www.smart-media-data-recovery.com/img/smart_media
_card_light_blue.jpg）

SM 卡結構簡單，可以做得很薄，攜帶方便性優於 CF 卡，但相容性差是個致命傷。例如：一張 SM 卡一旦在 MP3 播放器上使用過，數位相機就可能不能再讀寫。

三、Memory Stick（MS 卡）

MS 卡（圖 4-27）是一種可移除式的快閃記憶卡格式，由新力公司製造，並於 1998 年推出上市，它概括整個 Memory Stick 的記憶卡系列，包括：Memory Stick PRO（容許更佳的最大儲存容量和更快的傳輸速度）、Memory Stick Duo（Memory Stick 的小型格式版本），以及比 Duo 更小的 Memory Stick Micro(M2)。

● 圖 4-27　Memory Stick（MS 卡）的三種型式：MS、MS DUO、M2
（圖片來源：http://upload.wikimedia.org/wikipedia/commons/7/75/
MSst_duo_m2.jpg）

　　一般而言，MS 卡是用來為手提式裝置作為儲存媒體的，例
如：索尼的數位相機用 MS 卡來儲存影像檔。其他的索尼產品：數
位音樂播放機、PDA、手機、PSP 和 VAIO 個人電腦，都已經包含
了 Memory Stick 插槽。

四、Multimedia Card（MMC 卡）

　　MMC 卡（圖 4-28）是一種快閃記憶卡，其大小和一張郵票差
不多大，1997 年由西門子及 SanDisk 共同開發，主要技術是東芝
的 NAND 快閃記憶技術。近年來，MMC 卡技術已差不多完全被
SD 卡所代替；但由於 MMC 卡仍可被兼容 SD 卡的設備所讀取，
因此仍有其作用。

　　目前 MMC 卡的容量多達 2GB，並可用於幾乎所有使用儲存卡
的設備上，如行動電話、MP3 播放機、數位相機和 PDA 中。由於
SD 卡的出現，幾乎沒有公司將 MMC 插槽做進他們的設備中，但
是稍微窄一點的、針腳兼容的 MMC 卡可以用在所有支援 SD 卡的
設備上。

❷ 圖 4-28　Multimedia Card（MMC 卡）
（圖片來源：http://www.tolaemon.com/docs/mmcard-files/pinout.jpg）

五、Secure Digital Card（SD 卡）

　　SD 卡（圖 4-29）的技術是建基在 MMC 卡的格式上。SD 卡有比較高的資料傳送速度，而且不斷更新標準。大部分 SD 卡的側面設有防寫控制，以避免一些資料意外地寫入，而少部分的 SD 卡甚至支援數位版權管理的技術。

❷ 圖 4-29　Secure Digital Card(SDsd83)
（圖片來源：http://upload.wikimedia.org/wikipedia/commons/a/ac/SDHC
_memory_card_-_8GB.jpeg）

　　SD 卡應用於下列可攜式的數位裝置，包括：數位相機（儲存相片及短片）、數位攝錄機（儲存相片及短片）、PDA（儲存各類資料）、手機（儲存相片、鈴聲、音樂、短片等資料）、多媒體播放器、掌上型遊樂器，如：任天堂 3DS、NDS、NDSL 等。

　　設有 SD 卡插槽的設備能夠使用較薄的 MMC 卡，但是標準的 SD 卡不能插入 MMC 卡插槽。插上轉接器後 SD 卡能夠用於 CF 卡和 PCMCIA 卡上，而 miniSD 卡和 microSD 卡亦能插上轉接器在 SD 卡插槽使用。一些 USB 連接器能插上 SD 卡；而且一些讀卡器亦能插上 SD 卡，並由許多連接埠如 USB、FireWire 等存取使用。

　　接下來介紹 USB 隨身碟。USB 隨身碟（圖 4-30）是一種使用 USB 介面連接電腦，並透過快閃記憶體來進行資料儲存的小型便攜儲存裝置。一般 USB 隨身碟體積極小、重量輕、可重複寫入，面世後迅速普及並取代傳統的軟碟及軟碟機。

◆ 圖 4-30　各類型 USB 隨身碟
（圖片來源： http://upload.wikimedia.org/wikipedia/commons/1/11/USB
　　　_flash_drives.jpg）

　　市面上販售的隨身碟，儲存容量由 32MB 到 1TB 之間皆有，並因技術的進步，容量亦持續增加。隨身碟的容量大小受到快閃記憶體目前密度的限制。有時讀卡器也會被歸類為隨身碟。這類設備的記憶晶片並不是內建的，而是可以抽換的記憶卡。

　　隨身碟通常使用塑膠或金屬外殼，內部含有一張小的印刷電路板，只有 USB 連接頭突出於保護殼外，且通常被一個小蓋子蓋住。要存取隨身碟的資料，就必須把隨身碟連接到電腦；無論是直

接連接到電腦內建的 USB 控制器或是一個 USB 集線器都可以。只有當被插入 USB 埠時，隨身碟才會啟動，而所需的電力也由 USB 連線供給。

隨身碟的優點有：

1. 隨身碟較不容易遭水或灰塵滲入，也不怕被刮傷。其所使用的固態儲存設計能夠較大程度抵抗無意間的外力撞擊。所以隨身碟非常適合用來從某地把個人資料或是工作檔案攜帶到另一地，例如從家中到辦公室，或是一般來說需要攜帶到並存取個人資料的各種地點。

2. 隨身碟體積小，但有相對較大的儲存容量。

3. 隨身碟支援寫入保護的機制，可以防止電腦病毒檔案寫入隨身碟，以防止該病毒的傳播。

4. 大多數現代的作業系統都可以在不需要另外安裝驅動程式的情況下讀取及寫入隨身碟。

隨身碟的缺點為：

1. 小尺寸隨身碟經常被放錯地方、忘掉或遺失。

2. 相較其他設備來說，隨身碟是比較容易出現故障的一類，所以應做好資料備份。

3. 隨身碟在總讀取與寫入次數上也有限制。當隨身碟變舊時，寫入的動作會更耗費時間。

隨身碟裝置常常被拿來跟第五節的常見可攜式資料儲存裝置（軟碟片、CD／DVD、CD-R／CD-RW 與 DVD-RW）做比較。軟碟是第一個普遍的檔案傳輸媒介，但因為低容量、慢速度與低使用

壽命而不受歡迎。目前所有的新電腦都不內建軟碟機,但都有 USB 埠。DVD-R / DVD-RW / DVD + R / DVD + RW 與 CD-R / CD-RW 是另一種可攜式的儲存媒體,這些設備在個人電腦系統上十分普及。CD-R 只能夠寫入一次,而 CD-RW 只能重複寫入約 1000 次,但現在的 NAND 快閃記憶體製的隨身碟可以重複寫入 500,000 或更多次。光學儲存裝置通常比起快閃記憶體儲存裝置慢,CD 也不像隨身碟一樣方便攜帶。因此,CD 與 DVD 是便宜的記錄資料的好方法,但要對大量資料中的少部分做小改變時並不適合,而這卻是隨身碟主要的優點;因此近年來的筆電及個人電腦已逐漸傾向省略光碟機,並提高對 USB 埠的需求。

習題

一、選擇題

( ) 1. 半導體加入何種元素，可以使發光二極體發出藍光？
(A)銅　(B)氮　(C)鈷　(D)錳。

( ) 2. 彩色數位相機都會在 CCD 上加上何種濾鏡？　(A)拜爾濾
鏡　(B)偏光濾鏡　(C)UV 濾鏡　(D)綠色濾鏡。

( ) 3. 光碟片的基板大都是何種材質？　(A)鋁合金　(B)玻璃
(C)聚碳酸酯　(D)砷化鎵。

( ) 4. 如果要沖洗一張 3"×5"的相片，而一般相片的解析度為
300dpi，則相機的畫素大約要多少？　(A)100 萬
(B)130 萬　(C)150 萬　(D)200 萬。

( ) 5. 下列何者是液晶顯示器的優點？　(A)色域寬　(B)使用壽
命長　(C)響應速度高　(D)功耗低。

( ) 6. 光線在通過加上電壓的液晶分子層時，偏振方向會　(A)保
持不變　(B)旋轉90度　(C)旋轉45度　(D)旋轉180度。

( ) 7. 電腦所使用的液晶顯示器大多屬於下列哪一類型？　(A)
穿透式 LCD　(B)反射式 LCD　(C)半穿透反射 LCD　(D)
以上皆非。

( ) 8. 當照相機的光圈越大時，下列何者正確？　(A)曝光少
(B)快門要快　(C)景深越深　(D)F 值越大。

( ) 9. 可擦寫型光碟要擦拭紀錄時，雷射光的照射溫度應　(A)
高於熔點　(B)低於結晶點　(C)低於熔點且高於結晶點
(D)高於凝固點。

（　）10. 下列何種光碟片的訊坑最小？　(A)音樂光碟　(B)VCD
(C)DVD　(D)藍光光碟。

（　）11. 下列之輔助記憶裝置中，何者之存取速度最快？　(A)硬
碟　(B)光碟　(C)磁帶　(D)軟碟。

（　）12. 下列何者不是可重複讀寫的媒體？　(A)DVD-RAM
(B)CD-RW　(C)Compact FLASH　(D)DVD-ROM。

二、問答題

1. 光電產業大致上可分為哪幾大類？

2. 試簡述液晶材料隨著溫度改變時，其狀態如何變化？

3. 大致上有哪幾種 LED 磊晶的方法？

4. 請找出你的生活裡，會使用到各式記憶卡的裝置有哪些？並且
確認該項裝置使用何種格式的記憶卡？

參考文獻

1. 曲威光，《光電科技與新儲存產業》，全華，2010。

2. 林宸生、陳德請，《近代光電工程導論》第五版，全華，2011。

3. 國立中央大學光電科學與工程學系，《光電科技概論》，五南，2011。

4. 張祐銜、劉正毓，〈發光二極體的封裝技術〉，《科學概論》，435 期，2009/03。

5. 陳德請、吳世揚，《生物光電工程導論》，全華，2003。

6. 潘錫，〈認識發光二極體〉，《科學發展》，435 期，2009/03。

7. 顧鴻壽，《光電液晶顯示器－技術基礎及應用》，新文京，2004。

 Memo:

CHAPTER
05

生物科技

5-1　前言

　　生物科技為 21 世紀最重要的科技之一，其研究成果可在醫療、農牧、食品、材料、環保、農業與能源等多方面有廣泛的運用。美國生技產業協會將「生物科技」定義為運用生物的製程或分子及細胞的層次，進而解決問題和製造出有用的物質與產品的科技。此外，我國經濟部工業局將「生物科技」定義為利用生命科學的方法為基礎，從事研發、製造產品或改善產品品質達到人類生活素質的科技。

　　最早的生物科技應用於 19 世紀初，利用微生物的發酵製造出酒精、麵包、酵母、乳酸、醬油與醋等產品。此外，2000 年前人們利用雜交育種，將馬和驢交配產下騾，使騾具有耐操勞和力量大的雙重優點，也算是古代運用生物科技的表現。

　　生物科技(Biotechnology)此一名詞最早於 1917 年，由匈牙利科學家卡爾‧艾瑞克(Karl Ereky, 1878~1952)所提出。在當時，大規模的養豬事業是利用甜菜作為飼料，也就是利用生物將原料轉化為產品。隨著科學的進步，技術與工具的改良，現代生物科技發展一日千里，使得生物科技成為近年來全球十分熱門的新興科技之一，也是各國投入大量研發經費所重視的高科技產業。

　　生物科技包含四種主要的技術，分別為基因工程、細胞工程、蛋白質工程與酵素工程。生物科技所涵蓋的範圍十分廣泛，以下將分別介紹生物科技在各方面的運用。

5-2　生物科技的應用

一、醫藥方面的運用

（一）基因工程藥物

　　1978 年第一個基因重組藥物─胰島素被研發出來，並於 1982 年獲准上市，之後多種基因工程藥物陸續被研發成功，包括生長激素、凝血因子、干擾素與疫苗等產品。

（二）基因療法

　　基因療法(Gene Therapy)是將正常基因轉殖至人體細胞，替換原先存在的缺陷基因，治療因基因缺陷所造成的疾病。1990 年美國一位四歲女童因體內缺乏有腺核苷脫胺酶(Adenosine Deaminases, ADA)，首先接受 ADA 缺乏症的基因療法，治療後病情獲得改善（圖 5-1）。基因療法已發展多年，科學家希望能利用基因療法來治療遺傳性疾病、帕金森氏症、心血管疾病、內分泌、免疫疾病、癌症與愛滋病等疾病，其相關技術尚在發展中，而人體試驗仍有待克服。

（三）幹細胞

　　幹細胞(Stem Cells)是指一群尚未完全分化的細胞，同時具有無限制的分裂能力並能分化成特定組織細胞。人類幹細胞的來源有胚胎幹細胞(Embryonic Stem Cells)與成體幹細胞(Adult Stem Cells)兩種。

　　有關幹細胞的研究目的為治療疾病，研發出使幹細胞能分化出各種特定組織細胞的模式，使這些細胞能修復人體受傷的組織。幹細胞最適合治療組織壞死的疾病，例如：帕金森氏症、心肌壞死、自體免疫疾病、阿茲海默症、脊髓損傷、腦中風與糖尿病等。

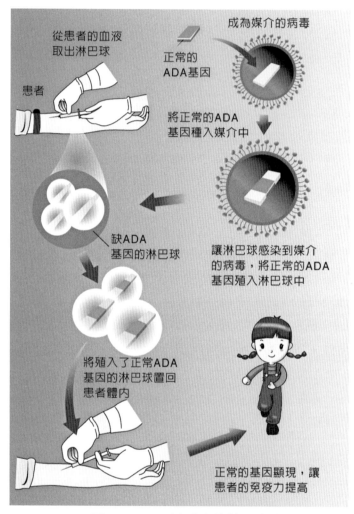

●▶ 圖 5-1　ADA 缺乏症的基因療法

　　2006 年瑞士科學家利用懷孕婦女子宮羊水的幹細胞，培育出
人類心臟瓣膜，用來修補受損的心臟，可利用此方式治療有先天性
心臟病的嬰兒。以往胎兒出生後被剪斷的臍帶和胎盤會被當作醫療
廢棄物處理，如今因臍帶血中富含幹細胞，可發育成血液與免疫系
統的細胞，用來治療相關疾病或修復放射治療的癌症患者的造血系

統，使臍帶血有新的用途。可是胚胎幹細胞因取得方式而具有爭議性和道德問題。

2013 年林口長庚醫院與新加坡及瑞典的醫療團隊創下國內首例及全球第二例以間質幹細胞治療玻璃娃娃的例子（先天性成骨不全症俗稱玻璃娃娃，起因於遺傳或基因突變，造成骨骼容易破碎）。可以預期未來幹細胞在醫療上的運用會更成熟。

（四）人造器官

體內的器官例如肝臟、心臟與腎臟，若受損而無法復原時只能進行器官移植。器官移植除了捐贈來源稀少外，移植過程所引起的排斥問題也會影響器官移植的成功率。目前雖有人工心臟、心肺機、洗腎機與人造手等人工器官出現，但實際上和真正器官的功能仍有很大的差距。一項有前瞻性的生物科技發展目前正積極進行中，即利用細胞在體外培養出人造器官(Artificial Organ)。

1992 年麻省理工學院的羅柏・蘭格(Robert Langer, 1948~)教授在老鼠背上成功培養出人耳形狀的軟骨（圖 5-2），代表未來人類可利用生物科技的方法製造出人體的器官。

❷ 圖 5-2　人耳形狀的軟骨

2014 年由法國 Carmat 公司所設計之全自主人工心臟，已於法國完成全球首例人工心臟移植手術，希望能提供心臟病患於等待器官捐贈時所使用。該人工心臟採用生物素材，製成與心臟一樣可進行心肌收縮，同時備有感應裝置，可適應人體移動時需要的血流量改變。

（五）單株抗體

科學家利用細胞融合(Cell Fusion)技術（圖 5-3），將產生抗體的 B 細胞和癌細胞融合形成融合癌細胞(Hybridoma)，此融合癌細胞能大量生產性質相同的抗體，稱為單株抗體(Monoclonal Antibody)，單株抗體可作為檢測病原體的診斷工具及治療癌症的標靶治療(Target Therapy)藥物。

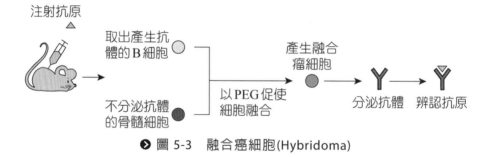

❷ 圖 5-3　融合癌細胞(Hybridoma)

二、醫學美容方面的運用

愛美是人的天性，人們注重對自己的美化及保養，使得有關醫學美容的相關生物科技蓬勃發展。

肉毒桿菌

肉毒桿菌(*Clostridium Botulinum*)是一種極端厭氧的細菌，可分泌肉毒桿菌素(*Botulinum Toxin*)引起人體神經性中毒，抑制呼吸肌的收縮，嚴重時會造成死亡。利用肉毒桿菌素可鬆弛因肌肉痙攣所

造成的疾病，例如對於斜視與顏面痙攣有很好的療效。皺紋為肌肉
收縮所形成，使用肉毒桿菌素可以使肌肉鬆弛達到除皺的效果，也
因此肉毒桿菌素在醫學美容方面已經成為美容除皺的利器。

三、農業方面的運用

　　生物科技在植物方面的運用分成**組織培養**(Tissue Culture)和
基因轉移(Gene Transfer)兩部分。組織培養技術可應用於花卉大
量繁殖、品種改良、種源保存與健康種苗的培育等方面。基因轉移
則是利用生物科技，針對農作物的基因進行改造，提升農作物抵抗
病蟲害的能力、減少殺蟲劑的使用、降低環境的汙染、抗除草劑和
惡劣環境（耐熱與抗寒性）與有效地利用有限土地提升單位面積，
使農作物的產量增加並降低生產的成本。

　　基因轉移植物(Genetically Modified Crop)是將外來基因送入
植物體內，使植物能表現這些外來基因的功用。例如：送入抗蟲基
因使植物能抵抗病蟲害；抗病基因使植物抵抗病毒、真菌與細菌的
入侵；抗逆境基因使植物抵抗乾旱、抗凍與高鹽等環境。植物轉移
生長速度變快、提高農作物質量與產量基因，可提高農作物質量和
產量。若送入抗殺草劑基因，可抵抗殺草劑的作用。

　　依據國際農業生物技術應用服務組織(International Service for
the Acquisition of Agri-biotech Applications, ISAAA)於 2016 年的調
查報告，自 1996 年基改作物開始商業化種植以來，其種植面積便
持續增加，至 2015 年已占了全球農地面積近 4%。基改作物的前五
大栽種國，依序為美國、巴西、阿根廷、印度和加拿大，除了印度
的基改作物栽種面積只占全國農地面積 6%左右外，美洲四國的基
改作物種植面積都占了該國全國農地面積約 16~17%。而四大基改
作物，即基改作物中種植面積最廣的四種農作物，以黃豆 49%為

首，再來依序為玉米 33%、棉花 12%及油菜 5%（其他 1%為甜菜、木瓜、茄子、苜蓿、南瓜、馬鈴薯等）。

　　此外，基因轉移植物可運用在觀賞植物，培育各式各樣顏色及香氣的花卉。例如：玫瑰花的花色有紅、黃與白等，以往無法培育出藍色玫瑰花，但利用基因工程技術可製造出藍色玫瑰花（圖 5-4）。

❷ 圖 5-4　藍色玫瑰花

四、在動物方面

　　基因轉殖動物(Transgenic Animal)是指利用基因工程技術將外來基因送入動物體內，或將特定基因刪除而改變後的動物均稱為基因轉殖動物，其應用包括：

1. **基礎醫學研究**：作為癌症與巴金森氏症等疾病研究的動物模式。

2. **提供器官移植的來源**：利用基因轉殖動物，例如：豬與牛生產特定的組織提供移植使用。

3. **作為動物工廠**：生產醫療用途的蛋白質，例如：抗體生長因子與凝血因子等。或是非醫療用途的蛋白質，例如：膠原蛋白酵素等。

4. **增加生產和抗病能力**：增加動物肉質、蛋及乳汁的產量、增加免疫力與抗病力等，例如：增加抗寒性的虱目魚。

5. **觀賞用**：在觀賞方面培育出會發光的螢光魚（圖 5-5）。

❷ 圖 5-5　發光的螢光魚

　　2015 年 11 月 19 日美國食品藥物管理局(FDA)核準麻州 AquaBounty 生物科技公司培育的基因改造鮭魚（基改鮭魚）上市供人類食用，這是全球第一種獲准上市提供人類食用的基改動物，預計 2 年內在美國境內即可購買到基改鮭魚；但消費者團體則認為，基改鮭魚為科學怪魚，並擔心食用後會影響人體健康與生態環境，要求各大超市拒賣基改鮭魚。

五、環境方面的運用

1. 利用自然界的微生物分解環境汙染物：例如環境受到石油汙染時，吃油的細菌可協助清理油汙；戀臭假單胞菌(*Pseudomonas Putida*)將保麗龍轉變成可分解性塑膠材料；會吃戴奧辛的細菌處理受戴奧辛汙染的土壤問題。

2. 由植物提煉出生物可分解(Biodegradation)的塑膠：此塑膠的成分為澱粉聚乳酸與纖維蛋白質，具有一定的壽命。會被微生物分解成二氧化碳和水，故不會造成環境汙染。

六、生質能源(Biomass)

隨著能源短缺，國際油價不斷飆漲，影響民生消費與造成通貨膨脹，面對能源的枯竭將是人類面臨的一大挑戰。人類應積極節約能源並減少能源的消耗。因此，藉由科技的研發，人類製造出高效能節省能源的家電用品（例如：省電燈泡），並積極開發新能源與尋求替代能源，促成能源的多元化；或是利用自然界產生的有機物質轉換為酒精、柴油、瓦斯與氫氣等能源。將甘蔗、玉米與馬鈴薯等作物，提煉生物酒精作為燃料，例如：巴西為全世界有名的甘蔗產區，該國大量使用甘蔗提煉出酒精。

此外，大豆、油菜與向日葵等植物的種子因富含油脂，故可作為生物柴油的原料，所得到的生物柴油比起一般柴油可大量減少汙染物的排放，德國在使用生物柴油方面具有良好的成效。生質能源不會造成環境汙染，但因成本較高，故目前暫時無法完全取代石油燃料。

5-3　其他方面的運用

一、生物辨識

　　利用個人特有的生物特徵來辨別一個人的真實身分稱為生物辨識，例如：可使用人的指紋、臉像、眼的虹膜、聲紋、手形、聲紋、氣味、掌形與靜脈等身體特徵來辨識身分。與傳統保全方式比較，生物辨識具有更可靠、安全與方便等多項優點，隨著生物辨識技術的發展，開發出許多應用生物識別的系統，人們將不用隨身攜帶識別標識或記憶密碼，只要本人親自出現於識別現場，未來將可以取代住宅和辦公室鑰匙、駕駛執照與信用卡等。

二、仿生學(Biomimetics)

　　人們向自然界的生物學習，吸取其優點並將之應用在生物科技方面，此稱為仿生學。其成果如下：

1. **鯊魚**：鯊魚的皮膚具有特殊構造，因此在水中能快速游動。利用此項優點，研發設計出類似於鯊魚皮的泳衣，這種鯊魚泳衣重量極輕，可降低水中阻力，使身體更具有流線型而增加游泳的速度。

2. **壁虎**：壁虎的腳掌具有極強的吸附力，科學家運用此原理研發出具有強力黏性的膠帶。

3. **蓮花**：蓮花表面有許多奈米纖毛，因此髒汙分子無法附著在蓮花上。利用此原理，科學家研發出所謂的奈米馬桶、奈米塗料與奈米玻璃等多種不沾汙的產品，省下原需清洗而浪費的水資源。

4. **蝙蝠**：蝙蝠可發出超音波，藉由超音波反射，可判別物體的位置和形狀。科學家吸取此項優點，研發出超音波回聲定位系統。

三、生物資訊(Bioinformatics)

利用電腦取得、儲存與分析有關的生物數據稱為生物資訊。生物資訊運用的領域包含：1. 生物資料庫的建立、2. 序列分析和比對、3. 基因序列定序、4. 建立基因組地圖、5. 分析和預測蛋白質結構與功能、6. 分子模型的建構、7. 新藥設計、8. 物種演化樹建立等。

四、複製動物

高等哺乳類動物利用有性生殖的方式繁殖下一代，隨著生物科技的發展，1996 年人類第一次利用無性生殖的方式製造出世界上第一隻複製羊「桃莉」（圖 5-6），此一研究成果引起全球莫大震驚，因為此一技術的突破，將使複製人變成可能發生的事情。目前複製動物僅限於

❷ 圖 5-6　複製羊「桃莉」

人以外的動物，例如：複製豬、複製牛與複製貓等。複製動物的技術可應用於保存優良的生物品種，也可以讓已經滅絕的生物再度重生。科學家正努力嘗試利用生物複製技術，讓曾經為地球上最大的大象—猛瑪象能夠復活，其複製過程如圖 5-7 所示：

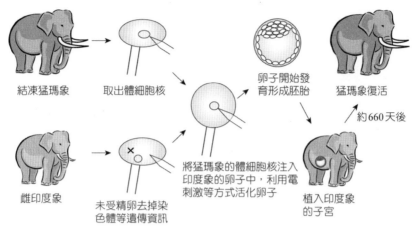

結凍猛瑪象　取出體細胞核

卵子開始發育形成胚胎　猛瑪象復活

約660天後

雌印度象　未受精卵去掉染色體等遺傳資訊

將猛瑪象的體細胞核注入印度象的卵子中，利用電刺激等方式活化卵子

植入印度象的子宮

● 圖 5-7　猛瑪象複製過程

五、生物晶片(Biochip)

　　利用微點陣技術將 DNA、RNA、蛋白質或醣類等分子縮小製作成微小化的裝置－「晶片」上，可同時偵測許多不同種類的基因與蛋白質。生物晶片可廣泛應用於藥物篩檢、偵測病原體、遺傳疾病篩選、進行酵素或生化反應等，具有快速、微量化與平行處理等優點。常見的生物晶片有兩種，為**基因晶片(Gene Chip)**和**蛋白質晶片(Protein Chip)**：

1. **基因晶片**：利用核酸為探針，可應用於檢測病原體與鑑別感染的來源，例如：腸病毒檢測晶片與發燒病原檢測晶片。

2. **蛋白質晶片**：利用蛋白質為探針，進行抗原和抗體反應，偵測蛋白質種類、功能與分析過敏原等。

六、生物鋼(Biosteel)

　　蜘蛛可分泌蜘蛛絲作為獵補昆蟲之用，蜘蛛絲由絲蛋白構成，具有柔軟、彈性、耐低溫、可分解再生與超強強度（為鋼的 5~10

倍）等優點，故有生物鋼之稱。科學家利用生物科技的方法大量生產蜘蛛絲蛋白，使其應用於手術縫合線與身體保護裝置，例如：防彈衣、結構材料與複合材料等。

七、其他

Google 2014 年宣布開始研發穿戴式科技計畫中的智慧型隱形眼鏡，可利用微小晶片從淚液檢測血糖值，減少糖尿病患者扎針測血糖的痛苦，2017 年美國奧瑞岡州立大學及 2018 年韓國蔚山科學技術術院在相關研究上皆有所突破，相信在不久的將來，此款智慧型隱形眼鏡便能正式上市。

5-4　生物科技的影響與省思

雖然生物科技的成果為人類帶來許多的好處，但如果科技發展的價值觀無法取得世人認同，反而會衝擊到人類的道德倫理等基本信念，則此項科技的發展不僅無法造福人群，反而危害人類。

隨著生物科技的發展，對於其涉及倫理與法律問題也值得注意與討論，針對生物科技發展所帶來相關權利與義務等訂定相關法律規範，已是刻不容緩的事情。

生物科技的影響如下：

一、基因改造生物對生態環境的影響

例如：植物經由基因改造，使其具有耐旱與耐寒等特性而更能適應環境，而此植物將比其他植物更具有生存優勢，造成原生種植物的消失，因而導致生態鏈失去平衡。

此外，基因改造植物的花粉在生長期間傳播到一般作物時可能汙染一般品種，此效應的影響需要進一步評估。

二、生質能源的效應

由於地球石油蘊藏量日漸減少，拜生物科技使人類從甘蔗、大豆與馬鈴薯等農作物提煉出生質能源。若世界各國沒有良好的規劃，一窩蜂發展生質能源，則可能發生糧食危機。

三、複製人衝擊

複製技術的突破，使得人類可以複製出基因型相同的牛羊等複製動物，但也衍生出複製人的道德爭議，雖然有科學家宣稱複製人成功，但沒有科學證據證實。由於複製人存在太多的負面問題，世界各國紛紛立法嚴禁複製人的研究。

四、基因療法的影響

基因療法的目的為治療患有基因缺陷疾病的病人，若不加以明文規範，運動員為追求成績的進步，不擇手段增加肌力和耐力，可能會使用基因療法，將增強肌力和耐力的基因送入體內來增加自己的運動能力。此一作法已被奧運會禁止，運動員不得進行基因改造。

五、DNA 隱私權的問題

每個人的 DNA 序列都是特有的，因此可藉由檢查 DNA 序列來推測未來可能發生的疾病或者個人的情緒控制等。這些 DNA 所含有的資訊屬於個人重要的隱私權，應該列入保護維持個人權益。

一、選擇題

( ) 1. 生物鋼的強度為鋼的幾倍？　(A)1~2　(B)3~4　(C)5~10 (D)100　倍。

( ) 2. 下列何者為仿生學學習的對象？　(A)鯊魚　(B)壁虎　(C) 蓮花　(D)以上皆是。

( ) 3. 下列何種生物特徵可作為辨識身分所使用？　(A)指紋 (B)眼的虹膜　(C)聲紋　(D)以上皆是。

( ) 4. 下列何種植物不適合作為提煉生物酒精？　(A)馬鈴薯 (B)大豆　(C)甘蔗　(D)玉米。

( ) 5. 下列何者為基因轉殖動物的應用？　(A)作為基礎醫學 研究　(B)提供器官移植的來源　(C)增加生產和抗病能 力　(D)以上皆是。

( ) 6. 世界上第一隻複製動物為　(A)豬　(B)牛　(C)羊　(D)貓。

( ) 7. 下列何種細菌具有除皺的效果？　(A)大腸桿菌　(B)肉毒 桿菌　(C)沙門氏菌　(D)以上皆非。

( ) 8. 細胞融合技術是將癌細胞與何種細胞融合所形成？　(A)T (B)A　(C)B　(D)P。

( ) 9. 目前已知基因改造過的物種包括　(A)大豆　(B)玉米　(C) 番茄　(D)以上皆是。

( ) 10. 有關生物晶片的敘述何者正確？　(A)常見的生物晶片有 兩種，為基因晶片和蛋白質晶片　(B)生物晶片具有快

速、微量化與平行處理等優點　(C)可應用於檢測病原體
(D)以上皆是。

二、問答題

1.　基因轉殖作物對生態環境可能衍生的問題有哪些？

2.　請就你的觀點發表對於複製人的看法？

3.　如果存在有複製人，複製人是否該平等享有人權？

4.　你認為我國是否適合發展生質能源？

5.　請舉例說明課本所列之外的生物科技應用仿生學的例子？

參考文獻

1. 王祥光，《生物科技產業概論》第三版，新文京，2016。

2. 王祥光，《生物科技產業實務》第二版，新文京，2012。

3. 耿建興、汪殿杰，《生活科技》，新文京，2010。

4. 張玉瓏、徐乃芝、許素菁，《生物技術》第六版，新文京，2017。

5. 張振華、呂卦南、黃秉炘，《生活科技》第三版，新文京，2014。

6. 蔡崇智、程錦隊，《應用科學—現代科技》，新文京，2004。

7. 蘇金豆，《科技與生活》第五版，新文京，2017。

8. 國際農業生物技術應用服務組織(International Service for the Acquisition of Agri-biotech Applications, ISAAA)，www.isaaa.org/。

CHAPTER

06

科技與環境

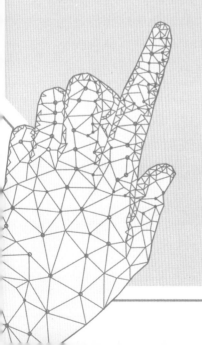

6-1　現今全球的環境問題

　　環境(Environment)是從法語 Environner 而來，具有包圍、圍繞之意。18 世紀以前蒸汽機尚未被發明的年代，人類的生產以農業為主，對環境的破壞相對較小，人與自然可說處於平衡的狀態，但在瓦特(James Watt, 1736~1819)發明蒸汽機後，開始以機械替代獸力，大規模的機器製造生產替代了手工生產，後因工業發展、追求經濟成長等，人類大規模開採化石燃料與使用地球資源，而在開發與使用能源的過程中，對環境產生的汙染相形增加，以致整個地球環境改變。

　　世界地球日為每年的 4 月 22 日，源自 1970 年代於美國校園興起的環保運動，這是一項世界性的環境保護運動，在這天，不同國籍的人們各自以不同的方式宣傳和實踐環境保護的觀念。至 1972 年 10 月，經第 27 屆聯合國大會決議通過，訂定每年 6 月 5 日為「世界環境日」(World Environment Day, WED)，期望喚起世人重視我們賴以維生的生存環境。之後，世界環境與發展委員會(The World Commission on Environment and Development, WCED)發布「我們共同的未來」(Our Common Future)，1992 年地球高峰會通過里約宣言、21 世紀議程(Agenda 21)等，2013 年地球高峰會則是檢視永續發展理念及建構生態型政府的職能轉變，將環境問題視為世界性的民主責任，使得環境成為全人類矚目的議題，而環境保護也成為國際間的共同課題。而 2015 年全球 195 個國家與歐盟代表，在巴黎密集磋商後，終於在 12 月 12 日通過劃時代的「巴黎協定」，並於 2016 年 4 月 22 日，計 171 國在聯合國總部簽署巴黎氣候協議，其長期目標是確保全球升溫抑制在遠低於工業革命前 2°C 內，將逆轉人類長期由化石燃料推動的經濟型態，進一步避免地球暖化可能帶來的災難。

　　近年來由於科技進步及人類活動大幅改變地球環境的面貌，同時威脅其他物種的生存空間，現今全球性所面臨之環境問題包括：氣候變遷、臭氧層破壞、溫室效應、水資源匱乏、森林銳減、生物多樣性減少、海岸侵蝕、酸雨蔓延、水汙染、空氣汙染、河川汙染、土壤汙染、廢棄物及有毒氣體排放、濕地及生態環境破壞、不當開發造成的山崩、土石流甚至是土地荒漠等，帶給人類空前的浩劫。而科技的發展雖可滿足人類的需求，並提高生活舒適與便利，但隨著科技的發展產生了對人類及生物有害的氣體、廢水及廢棄物等，影響人類及生物族群的生存。

　　陽光、空氣、水、土壤與氣候是人類與生存環境間維繫永續經營的重要資源，唯有人類減少其賴以生存資源的破壞，方能達到環境保護之目的。世界自然基金會(World Wide Fund for Nature, WWF)北京代表處於 2012 年地球生命力報告中指出，當前我們的生活方式過度消耗了自然資源，如不改變此一趨勢，到 2030 年即使兩個地球也不能滿足人類需求。再看看我們臺灣的環境，由於經濟快速發展，各種經濟活動急遽擴張，加上地狹人稠、機動車輛快速成長、工廠密度偏高、飼養禽畜偏多及能源消耗量大等因素，使得汙染源密度不斷提高，環境負荷日趨沉重，環境面臨嚴重衝擊。2013 年拍攝「看見臺灣」紀錄片導演齊柏林曾說：臺灣是我們生長、生活的環境，在 2009 年的 88 風災之後，當他乘著直升機飛入災區拍照，看見滿目瘡痍的景象，山林受到極為嚴重的創傷，深深感受到臺灣正面臨著前所未有的危機，希望透過空拍影片讓大家瞭解我們的家園、關愛我們的土地，進而認識臺灣、疼惜臺灣。因此，為了生命的延續與地球資源的永續利用，吾人必須正視科技發展所帶來的環境問題。以下分別針對空氣汙染、水汙染、土壤汙染加以說明。

一、空氣汙染

（一）緣起

空氣中充滿了看不見的固體、液體與氣體等不同形態的物質，例如：花粉、細菌、煙塵與濕氣等。所謂空氣汙染，即指空氣中含有一種或多種汙染物，其存在的量、性質與時間會傷害到人類、植物與動物的生命，損害財物或干擾舒適的生活環境。依據行政院環保署101年12月19日修正公布之空氣汙染防制法將空氣汙染物定義為「空氣中足以直接或間接妨害國民健康或生活環境之物質」，而其存在所造成之現象，就是空氣汙染。

1952年英國倫敦由於城市冬季大量燃煤，排放的煤煙粉塵在無風狀態下蓄積未散，煙與濕氣聚積在大氣層中，城市上空連續四、五天煙霧瀰漫，能見度極低，而大氣中的汙染物不斷積蓄，使得許多人感到呼吸困難、眼睛刺痛、流淚不止，這起煙霧危害事件造成約1,200萬人的肺部受到損害，僅僅四天時間，死亡人數便高達4,000多人。

1986年俄羅斯車諾比核電廠第四號機發生爆炸，致命的輻射物質四散至大氣中，導致蘇聯本土及北歐各國遭受輻射塵(Radioactive Fallout)的災難；2011年3月11日發生在日本東北大地震引發福島第一核電廠輻射洩露的事件，至今仍是記憶猶新。輻射塵含有許多放射性物質，人體在短時間內受到輻射劑量超過一定程度時，會引發細胞死亡或無法修復；同時會產生疲倦、噁心、嘔吐、皮膚紅斑、脫髮、血液中白血球及淋巴球顯著減少等症狀。當接受輻射劑量更高時，症狀的嚴重程度亦會加大，嚴重者會罹癌甚至死亡，核輻射亦會破壞敏感的生殖細胞，影響下一代甚至再下一代。

世界衛生組織(World Health Organization, WHO)於 2016 年 9 月 27 日發布報告指出：全球 92%民眾呼吸的空氣是汙染物超標的空氣，導致了中風、心臟病及肺癌等各種病例增加；城市的空汙十分嚴重，而鄉村的空汙情況也遠比人們想像的糟糕。根據統計，全球每年有超過 650 萬人死於空汙（占全球總死亡人數的 11.6%），其中死於室外空汙的數據，估計每年超過 300 萬人。出乎意料的是，空氣汙染成因眾多，從烹飪爐火至汽車廢氣都會造成危害，近 90% 死於空汙者來自中低收入國家，東南亞及西太平洋國家如中國、馬來西亞、越南受衝擊最大；世界衛生組織更呼籲各國政府盡快採取緊急行動防範空汙；由此可知大氣汙染的嚴重性及保全潔淨空氣之重要性。

（二）空氣汙染的來源

空氣汙染主要是因人類大量使用化石燃料（圖 6-1）或其他活動（圖 6-2、6-3）所造成，大氣汙染物大致可分成五類，分述如下：

❷ 圖 6-1　市區繁忙的汽機車活動

● 圖 6-2　祭祀用香

● 圖 6-3　蚊香

1. 碳氧化物（CO_x，包含 CO 及 CO_2）

煤、石油、天然氣為人類使用最多的化石燃料，其主要成分為碳，當氧氣供應不足時易產生一氧化碳(CO)，若它們與足夠的氧氣燃燒時則產生二氧化碳(CO_2)。

(1) 一氧化碳：一氧化碳與紅血球中血紅素結合的能力約為氧氣的 250 倍，一氧化碳中毒即血紅素失去輸送氧氣的功能。一氧化碳中毒症狀輕者會有暈眩、嘔吐、噁心、頭痛、心悸、眼花、四肢無力等現象；嚴重者將導致心律不整、喪失意識及死亡。

一般汽機車廢氣中常含有一氧化碳，在空氣不流通的空間中發動車輛，易產生一氧化碳中毒，或在密閉浴室中，當熱水器的瓦斯燃燒不完全時，也會有一氧化碳中毒的危險，惟一氧化碳較空氣輕，如在通風良好處易擴散於空氣中，較無危險性。

(2) 二氧化碳：二氧化碳是空氣的組成成分（約含 0.033%），工業革命之後，由於工廠和汽機車廢氣大量排放、人口增加、砍伐森林與雨林消失等，造成大氣中的二氧化碳濃度增加，而植物在有陽光的情況下吸收了二氧化碳，在其葉綠體內進行光合作用，產生碳水化合物和氧氣，氧氣可供應其他生物進行呼吸作用，此種循環即稱為碳循環(Carbon Cycle)。

二氧化碳是溫室氣體之一，如果大氣中的二氧化碳含量過多，會吸收紅外線光導致熱量不易流失，因而使得地球的平均氣溫隨之上升，此即所謂的「溫室效應」(Greenhouse Effect)。

中央大學地球科學院前院長趙丰教授關注全球變遷下的極端天候事件，於 2010 年西太平洋地球物理會議（圖 6-4）中稱：「工業革命以後，人為成分影響氣候變化，最明顯的就是因人類生產活動所產生溫室氣體的排放，使得地球表面的平均溫度自十九世紀中期起就逐漸上升，造成全球暖化的現象。」

溫室效應的影響包括：全球氣候異常、南北極冰山融化與產生極端氣候，例如：乾旱與強降雨等。當冰山逐步融化，導

致海平面上升，屆時荷蘭恐遭淹沒，孟加拉國將從地球版圖消失。而極端氣候所導致的乾旱，將使農業減產與停產，引發全球性的糧荒問題等。

近年來臺灣各月的最高氣溫紛紛打破歷年來同月最高氣溫的紀錄，即為地球逐步升溫的明顯證據之一。預估到西元2050 年，地球平均溫度將上升 2°C，因而我們應正視氣候變遷的嚴肅問題並及早提出因應措施。

❷ 圖 6-4　2010 年西太平洋地球物理會議（來源：中央大學祕書室）

2. 硫氧化物（SO_x，包含 SO_2 及 SO_3）

煤、石油與其他含硫燃料，燃燒時會產生二氧化硫等氣體，二氧化硫(SO_2)在空氣中與水作用產生亞硫酸(H_2SO_3)，若進一步氧化形成三氧化硫(SO_3)，溶於水中則形成硫酸(H_2SO_4)。這些酸性液體隨著雨水落至地面便形成酸雨，行政院環保署 1990年統一定義：當雨水的酸鹼度在 5.0，即 pH<5.0，就稱為酸雨(Acid Rain)。

酸雨對人類、建築物、植物或其他方面之影響如下：
(1) 損害人體的呼吸系統及皮膚傷害與刺激眼睛等。

(2) 酸雨易溶解大理石及金屬製品等，造成建築物外飾剝落或金屬腐蝕，而暴露在大氣中的雕像也易受到侵蝕，造成文化資產的損失。

(3) 酸雨會影響農作物之葉面組織，使之枯萎，同時土地中的金屬元素易被酸雨溶解，造成礦物質流失，使植物無法獲得充足的養分，導致枯萎、死亡等。

(4) 酸雨使湖泊酸化、魚類死亡、水中生物種群減少、破壞生態系統之平衡等。

3. 氮氧化物（NO_x，包含 NO 及 NO_2 等）

氮的氧化物主要是一氧化氮(NO)及二氧化氮(NO_2)，其來源為汽機車的內燃機在運轉時產生高溫，而使空氣中的氮氣與氧氣化合形成一氧化氮隨廢氣排出，部分的一氧化氮再進一步氧化轉變為二氧化氮。

汽車排放的廢氣中含有少量的一氧化氮，一氧化氮在空氣中很快便會氧化成二氧化氮。一氧化氮與二氧化氮均具有毒性，一氧化氮會與臭氧反應使得臭氧減少，二氧化氮是紅棕色的氣體，它會吸收陽光中的紫外線進行光化學反應，使得天空出現有毒的煙霧，形成光煙霧(Photochemical Smog)，易使人體造成傷害等。

4. 塵埃微粒

大氣中懸浮的固態微小顆粒，俗稱塵埃，例如：風吹拂而揚起的砂粒、火山灰或海風所含的鹽粒等。空氣汙染防制法施行細則定義：粒徑 10 μm 以下之細粒子稱為懸浮微粒(PM_{10})，亦稱為浮游塵，而大於 10 μm 之粒狀汙染物則稱為落塵。天然的塵埃對人體並無大礙，但工廠煙囪所排放之煙霧內含許多微

小顆粒，其表面往往附著一些有害的化合物（例如：SO_2、NO_x 與多種碳氫化合物等），易對人體的呼吸系統造成傷害。

依空氣汙染防制法所定之「空氣品質標準」更對於小於 2.5 μm 的細懸浮微粒($PM_{2.5}$)定出容許標準，24 小時平均值需低於 35 $\mu g/m^3$，年平均值需低於 15 $\mu g/m^3$。大於 10 μm 粒徑之汙染物可被人體纖毛和黏液過濾掉，粒徑 10 μm 以下之汙染物則可以避開纖毛及黏液到達人體的肺部，而小於 2.5 μm 的細懸浮微粒可穿透肺部氣泡進入血管中，並隨著血液循環全身，因此 $PM_{2.5}$ 對於人體的傷害更大。

5. 氟氯碳化物(CFCs)

含氟、氯與碳的有機化合物稱為氟氯碳化物(Chlorofluorocarbons)，簡稱 CFCs，亦稱為氟氯烷(Freon)，例如：二氯二氟甲烷(CF_2Cl_2)與三氯氟甲烷($CFCl_3$)等。這些化學物質存在於汽車、冰箱冷凍空調的冷媒、電子和光學元件的清洗溶劑、化妝品等噴霧劑與以氟氯碳化物為發泡劑所製成的紙和塑膠產品等。經由陽光照射後，氟氯碳化物開始分解，使得臭氧層逐漸稀薄、消失與破壞，此時大量的紫外線將直接照射地面，增加了人類得到皮膚癌及白內障的機率，海洋表面的浮游生物，也將面臨死亡的危機，農產品也因而發生病蟲害病變，導致產量大減等。

有鑑於此，中央氣象局自民國 86 年 7 月 1 日起增加播報紫外線指數(Ultra-violet Index, UVI)，提醒國人預防受到傷害。國外相關研究指出，當紫外線指數達到 6 以上，曝露在陽光下 30 分鐘，將造成曬傷。1987 年共有 27 個國家簽署「蒙特婁議定書」，開始限制氟氯碳化物的使用，對臭氧層產生保護作用，預估未來臭氧層應可慢慢恢復原狀。

6. 氫氟碳化物(HFCs)

　　氫氟碳化物(HFCs)是一種作為冷媒普遍被使用於各種冷藏設備及空調設備中的化學物質。氫氟碳化物(HFCs)是「氟化氣體」(Fluorinated Gases)化學物質家族中的一個分支，像是半導體產業在生產電腦晶片的製程中會產生的兩種副產品「全氟化碳」(Perfluorocarbons)及「六氟化硫」(Sulfur Hexafluoride)也都屬於此類氟化氣體，這類氣體都是人工合成的化學物質，這表示它們原本不存在於自然界當中，一旦逸散到環境當中，可以在大氣層裡面存留長達 200 年之久，而這些化學物質會吸收相當多的熱能，其吸熱的能力比起二氧化碳強大數百倍甚至千倍，是造成全球暖化成因之一，危害極大。

　　2016 年 10 月 15 日，全球有將近 200 個國家的政府代表在非洲盧安達首都吉加利(Kigali, Rwanda)共同簽署了一份全球「氫氟碳化物(HFCs)減量協定」，又稱為吉加利協定(Kigali Deal)，主要目的是要讓全世界各個國家從 2019 年開始，逐步將目前普遍使用在空調、冷藏、冷凍設備中作為冷媒的氫氟碳化物(HFCs)淘汰掉，目標是要在 2047 年的時候將這種會造成嚴重溫室效應的化學合成物質在全球的用量減少80%。

　　目前還沒有一種任何場合一律適用的氫氟碳化物(HFCs)替代品解決方案。各種有可能成為替代現行氫氟碳化物(HFCs)的新型冷媒都必須要以個案方式考量，依照其可能產生的毒性及其最適合的應用範圍來綜合評量利弊得失，以便找出最佳的替代品可行方案。根據美國國家環境保護署 (Environmental Protection Agency, EPA)在 2011 年所發布的一份新聞資料顯示，美國環保署核准了用丙烷(Propane)、異丁烷(Isobutane)及一種被

稱為 R441a 的化學合成物質可以用來做為替代性冷媒，這是一種碳氫製冷劑，由乙烷、丙烷、丁烷和異丁烷等組成的專利混合物，已通過美國冷凍空調學會(American Society of Heating, Refrigerating, and Air-Condition Engineers, ASHRAE)認證，不過此物質因含大量易燃的烷基物質，目前也頗受爭議。

（三）空氣品質指標(Air Quality Index, AQI)

行政院環境保護署定有「空氣品質指標」係依據監測資料將當日空氣中懸浮微粒(PM_{10})、細懸浮微粒($PM_{2.5}$)、二氧化硫(SO_2)、二氧化氮(NO_2)、一氧化碳(CO)及臭氧(O_3)濃度等數值，依其對人體健康之影響程度，分別換算出不同汙染物之副指標值，再以當日各副指標值之最大值為該測站當日之空氣品質指標值(AQI)。依據監測資料顯示，臺灣地區最主要的空氣汙染物為懸浮微粒（含細懸浮微粒）及臭氧，亦為空氣品質惡化的主要禍首。AQI 值與健康影響程度之六個等級如表 6-1 所示：

（四）空氣汙染的影響

空氣汙染對人體健康之影響，不論是氣體或顆粒狀汙染物，當濃度太高、量太多或吸入的氣體毒性太強時，將使得呼吸器官內正常防禦功能與清除功能喪失而危及生命。空氣汙染會使植物枝葉組織破壞，導致枯黃、掉葉與捲葉等病態產生，同時使河湖及土壤酸化，終至破壞整個生態系。空氣汙染對金屬與建築物的影響為易使鐵軌、橋樑等鋼構造物或金屬表面腐蝕、生鏽等，另外亦會使粉刷牆面、紡織品褪色與降低耐久性等，造成經濟的損失。

表 6-1　AQI 值與健康影響一覽表

空氣品質指標(AQI)	0~50	51~100	101~150	151~200	201~300	≥300
對健康的影響	良好	普通	對敏感族群不健康	對所有族群不健康	非常不健康	危害
	Good	Moderate	Unhealthy for Sensitive Groups	Unhealthy	Very Unhealthy	Hazardous
狀態色塊	綠	黃	橘	紅	紫	褐紅
人體健康影響	空氣品質為良好，污染程度低或無汙染。	空氣品質普通；但對非常少數之極敏感族群產生輕微影響。	空氣汙染物可能會對敏感族群的健康造成影響，但是對一般大眾的影響不明顯。	對所有人的健康開始產生影響，對於敏感族群可能產生較嚴重的健康影響。	健康警報：所有人都可能產生較嚴重的健康影響。	健康威脅達到緊急，所有人都可能受到影響。
一般民眾活動建議	正常戶外活動。	正常戶外活動。	1. 一般民眾如果有不適，如眼痛、咳嗽或喉嚨痛等，應考慮減少戶外活動。	1. 一般民眾如果有不適，如眼痛、咳嗽或喉嚨痛等，應減少體力消耗，特別是減少戶外活動。	1. 一般民眾應減少戶外活動。2. 學生應立即停止戶外活動，並將課程調整於室內進行。	1. 一般民眾應避免戶外活動，室內應緊閉門窗，必要外出應配戴口罩等防護用具。

表 6-1　AQI 值與健康影響一覽表（續）

空氣品質指標(AQI)	0~50	51~100	101~150	151~200	201~300	≥300
一般民眾活動建議（續）			2. 學生仍可進行戶外活動，但建議減少長時間劇烈運動。	2. 學生應避免長時間劇烈運動，進行其他戶外活動時應增加休息時間。		2. 學生應立即停止戶外活動，並將課程調整於室內進行。
敏感性族群活動建議	正常戶外活動。	極特殊敏感族群建議注意可能產生的咳嗽或呼吸急促症狀，但仍可正常戶外活動。	1. 有心臟、呼吸道及心血管疾病患者、孩童及老年人，建議減少體力消耗活動及戶外活動，必要時應配戴口罩。 2. 具有氣喘的人可能需增加使用吸入劑的頻率。	1. 有心臟、呼吸道及心血管疾病病患、孩童及老年人，建議減少室內耗活動及戶外活動，必要時應配戴口罩。 2. 具有氣喘的人能需增加使用吸入劑的頻率。	1. 有心臟、呼吸道及心血管疾病患者、孩童及老年人應留在室內並減少體力消耗活動，必要時應配戴口罩。 2. 具有氣喘的人應增加使用吸入劑的頻率。	1. 有心臟、呼吸道及心血管疾病患者、孩童及老年人應留在室內並避免體力消耗活動，必要時應配戴口罩。 2. 具有氣喘的人應增加使用吸入劑的頻率。

資料來源：行政院環境保護署空氣品質監測網（2023/05/12）

二、水資源與汙染

（一）水資源

　　水為維持地球生態體系運作極為重要之環境因子，地球上的水資源總量中約有 97.5%是海水，淡水只占 2.5%。在淡水水資源中，絕大部分為極地冰山、高山冰河與地下水，適合人類使用的水資源非常有限。隨著全球人口與產業的發展，水資源將日益匱乏，為保護水資源，1993 年（第 47 屆）聯合國大會將 3 月 22 日訂為世界水資源日，意在保護與管理淡水資源，並提升公眾重視水資源。聯合國「政府間氣候變化專門委員會」(IPCC)於 2014 年 3 月 31 日發布報告稱：中國與印度等亞洲國家，不禁將飽受極端氣候劇烈衝擊，到本世紀中葉更將經歷嚴峻的飲用水之壓力。2018 年聯合國水資源組織預估，到 2050 年全球將有 50 億人生活在水資源不足的地區。

　　由於緯度、大氣循環與植被分布的差異，世界上主要的降雨帶多集中在緯度 30 度左右的地區；臺灣正好位在這個降雨帶的邊緣，年平均雨量約 2,500 毫米，約為世界平均值的 2.5 倍，但臺灣仍被列為全球缺水國家（排名第 18 名），缺水危機在臺灣已經變為常態，主因係受到地形及氣候的影響，包括臺灣降雨的時間、空間分布極不平均，降雨多集中在 5、6 月梅雨季及 7、8、9 月的颱風季；其中山地降雨多於平地、北部降雨大於南部，另加上山勢陡峭，河川短促、急流入海，能利用之水資源相對減少，例如：2004 年的敏督利颱風侵臺及後續的西南氣流，造成中南部連續豪雨，使得位於苗栗的鯉魚潭水庫閘門滑落，閘門堵住輸水隧道，水庫無法出水，導致大臺中地區供水減量；2014 年秋冬時，臺灣各地降雨不佳，使得 2015 年 1~5 月間出現從 1947 年設立平地量雨站以來最大的旱災，全臺各地出現三階段限水，從第一階段夜間減壓供水，

到第二階段工業用水大戶減供 5%，非大戶減供 20%及停供非必要用水，到第三階段分區輪流或全區停止供水。因此可感受到水源短缺的潛在危機，在天然環境的限制下，使得水成為臺灣極為珍貴且稀少的資源，如何珍惜水資源為一極重要的課題。

臺灣缺水問題，除地理因素外，水資源匱乏都是因為缺乏管理，主要三大問題：第一為水庫淤積嚴重，根據水利署統計，全臺水庫已經積淤三分之一，以致臺灣一年缺 26 噸的水就算政府使盡吃奶力量也「治標不治本」，以石門水庫為例，一年可以清掉 60 萬噸，但一個颱風就帶來 200 噸淤泥。第二為管線漏水率高，臺灣許多自然水管線老舊，有些農業灌溉渠道甚至從清朝、日據時代就沿用下來，導致水嚴重流失。近年臺水公司雖然積極抓漏，漏水率逐步下降，行政院於 2013 年訂定降低漏水率計畫，到 2022 年漏水率降要從 18.9%降到 14.25%，此與日本東京的 3%來比，差距甚大。第三為水費便宜，經濟部前水利署長陳伸賢曾指出「臺灣一度水只要 10 多元，一度水是 1000 公升，相當於 1666 罐瓶裝水，但只賣10 元」。不過調漲水價是敏感議題，歷屆政府向來不願碰觸，目前執政黨，已草擬調整水價，期望能有效果。

聯合國 2018 年新版的「世界水資源開發報導」(United Nations World Water Development Report)指出，水庫、灌溉渠及水處理廠的興建並不是水管理的唯一方法，以 1986 年印度的拉賈斯坦省(State of Rajasthan)旱災為例，一個非政府組織與當地社區合作，在接下來的幾年中，於該地區建立集水設施並復育森林及進行土壤再生工作，使得森林覆蓋率增加了 30%，地下水位也上升了幾公尺，農田生產力提高，因此新版的報告內容即提出以自然為基礎來解決水資源的問題。

　　長久以來，人們利用土木工程技術以混凝土來建構水資源管理設施，屏棄了古老的經驗及生態保育，到處都是「灰色」的建物，少了水文及生態功能，因此聯合國水資源組織主席吉爾伯特‧洪博(Gilbert Houngbo)在新版的報導前言中提及，我們現在應該重新審視基於自然的解決方案(Nature-based Solutions, NBS)以幫助實現水資源管理目標，其解決方案包含下列三大重點：

1. 聚焦在環境工程(Focusing on Environmental Engineering)

　　未來我們要聚焦的是以「綠色」為基礎的環境工程而非「灰色」構造的土木工程，所謂的「綠色」基礎設施側重於保護自然和建築生態系統的功能，綠色基礎設施可以幫助減少土地使用壓力，並進一步開發更有效和更經濟的灌溉系統來限制汙染與土壤侵蝕及對水的需求。

　　綠色解決方案在城市地區也顯示出巨大的潛力，如植被牆和屋頂花園是較被接受的例子，若能增加雨水收集與水回收的措施，以及採用透水性保水磚等綠色建築技術，可減緩公共排水設施的負擔與降低都市中洪水規模，如臺北市新開闢「萬興櫻花生態景觀公園」，人行道採透水性鋪面設計，材質採用可透水混凝土磚，較傳統不透水設計，可涵養水資源並減輕排水設施負擔，圖 6-5 為透水性鋪面示意圖。

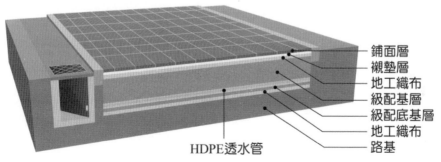

鋪面層
襯墊層
地工織布
級配基層
級配底基層
地工織布
路基
HDPE透水管

➲ 圖 6-5　透水性鋪面示意圖

（圖片來源：臺北市政府地政局 https://epaper.land.gov.taipei/）

2. 濕地的重要性(Importance of Wetlands)

　　濕地僅占地球的 2.6%，但在水文學中發揮著不成比例的巨大作用，濕地具有豐富的生態多樣性，是地球上生產力最豐沛的生態系，包含了河口、灘地紅樹林、沼澤林、沼湖等。其中，天然濕地具有多種不同的功能，此處主要介紹調節水資源。圖 6-6 為位於彰化縣芳苑鄉的漢寶濕地。

(1) 調節洪流

　　濕地如同一塊大海綿，在防洪上扮演重要角色。水量多時能吸收並儲存過多的水分，當大地水分不足時，則能適度釋放水分。無論是位在沿海、森林、河流的濕地都有防洪與調節水位的功能。濕地地形平坦寬廣，能減緩洪水的衝擊，調節江、河的流量與流速，減少因沖刷而導致土石流的風險，也保護了人類與動物的居住空間。

❷ 圖 6-6　漢寶濕地

沿海的潮間帶和紅樹林如同天然的防波堤，當浪頭打到岸上時力量會被紅樹林抵銷，潮水會被潮間帶吸收，保護了沿海生物與居民的家園。紅樹林利用根部抓住泥沙，不讓海岸線被海浪或湍急的川流所侵蝕，也可阻擋海風的鹽分進入內陸，避免土壤鹽化。

森林的沼澤就像天然蓄水池，當大雨後山坡的徑流滾滾而下，沼澤能吸收部分雨水，減緩徑流對樹木的衝擊。

由於河流兩旁的濕地在暴雨導致河水氾濫時會迅速吸收洪水，形成完美的緩衝帶保障兩岸與下游的生命安全，當洪水退去時河流旁就形成肥沃的氾濫平原。

(2) 涵養水源

如同前述，濕地具有調節水位的功能。濕地提供廣大的蓄水範圍，在地表水量多時，能有足夠的時間滲透到地下，充分補充地下水，也防止地層下陷。在地表水量少時，濕地則能將儲蓄的水慢慢釋放。調節水位的功能也能防止海水入侵，避免海水進入地下水層造成土壤鹽化。

(3) 淨化水質

濕地保護土壤不受鹽化讓植物順利生長，而這些受惠的植物如水草、蘆葦、香蒲能夠吸附並分解部分的重金屬及沉澱汙染物。濕地因為本身土質特性的關係，水流過或滲透此地的速度都會減緩，流速減緩後濕地就可以留住水中養分，並過濾化學有機廢棄物、保持水質乾淨，而生長在濕地的植物根系也能吸收水中的金屬化合物與有毒物質，這也是濕地被稱為大地之腎的原因。

3. 減輕自然災害帶來的風險(Mitigating Risks From Natural Disasters)

　　濕地是天然屏障，可吸收洪水與避免水土流失及減輕某些自然災害的影響。隨著氣候變化，專家們預測，自然災害發生的頻率和強度將會增加。一些國家已經開始採取預防措施，設立專責單位強化風險管理，以事先防災準備來降低事後的損失。例如，美國路易斯安那州在 2005 年卡特里娜颶風之後創建了海岸保護和恢復管理局(Coastal Protection and Restoration Authority)，近來因天然災害頻傳，管轄範圍從海岸線放大到密西西比三角洲(Mississippi Delta)；智利於 2010 年海嘯後宣布採取措施保護其沿海濕地，都是加強濕地的保護措施，期利用濕地來降低災害。

（二）水汙染的來源及其影響

　　依行政院環保署水汙染防制法，定義水汙染：係指水因物質、生物或能量之介入，而變更品質，致影響其正常用途或危害國民健康及生活環境者。水汙染來源包括天然汙染源及人為汙染源兩種，天然汙染源，一般係指市鎮暴雨逕流，即暴雨初下時雨水逕流沖刷屋頂、街道、溝渠等，將汙泥等雜物帶入水體中形成之汙染；人為汙染源則係來自人們各類活動或開發所產生，如都市汙水、工業廢水、畜牧廢水、農業汙染及垃圾滲出水等。臺灣地區水汙染的主要來源如下：

1. **都市汙水**：包括家庭廢水、商業、機關團體、學校等廢水與事業單位之廢水等，約占各種水汙染源每天排放量之 21.4%。

2. **工業廢水**：由於中小型工廠特別多，水質掌握不易，廢水排放量居首要，約占 55.5%。

3. **畜牧廢水**：排放量僅次於工業廢水，占 23.1%，畜牧廢水主要
   來源為養豬場。

4. **其他**：如自然環境的改造、雨水汙染、農藥流入河川的汙染、
   礦場與垃圾滲出水的汙染等等。

　　水質的特性指標，可藉由生物性、物理性與化學性指標來顯示
汙染程度：

1. **生物性指標(Biological Indicator)**
   (1) 水中生物：水中生物對水體的適應力不一，耐毒性也不盡相
       同，一般潔淨的水呈現水中生物種類多而數量少，而汙染的
       水，水中生物種類減少但數量增多。
   (2) 大腸桿菌：大腸桿菌群較一般病原菌生存力強，但致病性較
       低，且易檢測，所以利用人類排泄物中大腸菌的數量當作生
       物汙染的指數以及微生物汙染的標準。
   (3) 病原菌：市鎮汙水或糞便除含一般細菌外，尚含有致病之細
       菌或微生物，易造成病原體（如痢疾、傷寒、霍亂與小兒麻
       痺等疾病）的汙染，危害人體健康。
   (4) 半數致死量（LD_{50} 或 LC_{50}）：LD_{50}、LC_{50} 係指給予試驗動物
       一定劑量或濃度的化學物質，結果造成半數動物死亡的劑量
       或濃度。在同樣的試驗動物種類、試驗法與吸收途徑下，
       LD_{50} 或 LC_{50} 的值越小，表示物質的毒性越大，利用此數據
       可比較廢汙水毒性之大小。
   (5) 水質優養化：人類活動大幅加速優養化，主要是由於水體中
       大量增加的營養鹽所致。2017 年 3 月行政院環保署公布之
       2016 年度臺灣地區 20 座主要水庫水質監測結果，其中鳳山
       水庫長期處於優養化狀態，水庫優養化係因過量營養物質
       （主要為氮、磷）進入水體，造成藻類大量的繁殖、死亡，

並因其腐敗分解的大量耗氧，導致水中溶氧耗盡，造成水體生態系急劇變化，並使水質嚴重惡化之現象。當水體優養化，間接影響動物性浮游生物、魚與底棲生物等之生長，因水的營養程度不同，優養生物的種類及數量也不同。

2. 物理性指標(Physical Indicator)

(1) 水溫：水溫的變化以氣候影響為主，廢汙水排放亦會對水溫造成影響，有些工廠排放高溫廢水，如煉鋼廠、石化工廠、紙廠、食品加工廠、火力與核能發電廠等。當河川水溫增高，水中微生物的活性增強，加速有機物的分解，因而消耗溶氧。水中溶氧量(Dissolved Oxygen, DO)減少時，正常水中生物不能適應，會降低水的自然淨化能力，溶氧量高即表示水質較佳。

(2) 色度：分為真色度與視色度，前者是除去水中懸浮固體測得的色度，後者是水樣直接測得的色度。自然水多呈淡黃色，色度雖對某些特殊工業，如造紙、染整與食品等會著色於成品而影響其品質，但在衛生上的問題較小，僅於美觀與視覺上的不適。

(3) 濁度：濁度表示光入射水體時被散射的程度，濁度高會影響水體外觀並阻礙光的穿透，進而影響水生植物的光合作用。濁度高亦會使魚類的呼吸作用受阻，影響魚類的生長與繁殖，甚至使其窒息而死亡。當水中含有懸浮物質，就會造成混濁度，使光線通過時產生干擾。河川上游降雨時，許多土壤因沖刷進入河川而增加濁度；河川中下游常有工業廢水及家庭廢水流入，廢水中含有大量有機及無機汙染質，亦造成濁度增加，尤其當有機物質進入水體，使河川氮、磷成分增加，造成優養化，促成藻類大量生長。濁度之測定是藉由光線散射原理，量測工具為濁度計，濁度的單位一般為標準濁

度單位(Nephelometric Turbidity Unit, NTU)，飲用水質標準的濁度最大限值是 2 NTU。

(4) 臭味：臭味可能來自有機物或無機物質，如汙水及工業廢水排放，自然界植物分解、微生物作用，皆可能使水產生臭味。臭味會造成附近居民的困擾，並成為反對廢水處理廠興建的最大理由。

3. 化學性指標(Chemical Indicator)

(1) 酸鹼度（pH 值）：一般自然水之 pH 值多在中性或略鹼性範圍，當水體受汙染時其 pH 值可能產生明顯變化。

(2) 溶氧(Dissolved Oxygen, DO)：指溶解於水中的氧量，水若受到有機物質汙染，則水中微生物在分解有機物時會消耗水中的溶氧，造成水中溶氧降低甚至缺氧，一般 DO 值在 2 以下屬於嚴重汙染。

(3) 生化需氧量(Biochemical Oxygen Demand, BOD)：生化需氧量係指水中易受微生物分解的有機物質，在某特定時間及溫度下，被微生物分解氧化作用所消耗的氧量。生化需氧量表示水中生物可分解的有機物含量，間接也表示了水體受有機物汙染的程度，一般 BOD 值在 15 以上屬嚴重汙染。

(4) 化學需氧量(Chemical Oxygen Demand, COD)：化學需氧量一般用以表示水中可被化學氧化之有機物含量，一般工業廢水或含生物不易分解物質之廢水，常以化學需氧量表示其汙染程度，COD 值越大，表示汙染越嚴重。

(5) 清潔劑：清潔劑中因含有磷酸鹽，是造成水體優養現象的因素之一，磷是生物生長的基本肥料元素，它會加速藻類的繁殖，水域中的氧氣易被大量繁殖的藻類吸收，水域缺氧將造成水生生物或植物因窒息而死亡，一般衣服專用的漂白劑或其他超強洗潔劑，對於環境易造成後遺症。

(6) 重金屬：重金屬可以透過多種途徑，如食物、飲水與呼吸等
方式進入人體，並與蛋白質等發生作用，蓄積在人體的器官
中，造成慢性累積性中毒，最後危害人體健康，舉例數則重
金屬危害的案例說明如下：

a. 1950 年發生在日本富山縣因採礦活動而導致鎘中毒，病
名來自患者之關節和脊骨極度痛楚而發出的叫喊聲，俗
稱痛痛病。一般電鍍廠、化工廠或金屬工業等廢水如處
理不當易產生鎘中毒事件，是一種慢性疾病。鎘米是由
受到重金屬「鎘」汙染的農地所長出來的稻米，這些稻
米含鎘量過高，進入人體後，會在人體累積，引起一些
難癒的病痛。鎘是製作鎳鎘電池、染料、塗料色素與塑
膠製程中的穩定劑，這些工廠所排出的廢水若未經妥善
處理，而逕行排入灌溉渠道，使得農地受到鎘的汙染，
鎘經農作物吸收，就長出鎘米、鎘菜與鎘水果了。

b. 1953 年發生在日本的水俁（ㄩˇ）病，係水中有機汞汙染
導致，人與動物經由攝取含汞的魚貝類而引發中毒，中
樞腦神經傷害是其主要症狀。

c. 1950 年代末期，臺灣西南沿海地區（嘉義布袋、義竹，
臺南學甲、北門）發生烏腳病流行，懷疑係水井中含有
螢光物質或砷金屬所造成，發病初期因末梢血管栓塞與
血流量減少致使患部皮膚變為蒼白，然後變為紫紅色，
最後變成黑色，如果病情惡化，患部可能潰爛甚至壞
死，隨著自來水的普及，病患已大幅減少。

d. 1986 年在高雄茄萣海域發現牡蠣呈現不正常的綠色，導因
於出海口附近養殖的牡蠣大量吸收「銅離子」後，體內蓄
積高量的銅，顏色轉變成綠色，被稱為「綠牡蠣」。

e. 2001 年在屏東縣潮州地區曾發生銅木瓜事件，木瓜園中
被發現埋下的工業廢棄物含有重金屬銅與鉻，屏東縣政

府隨後將埋有有毒工業廢棄物的木瓜園內共 2,000 多株木瓜全數剷除，造成瓜農極大的損失。

(7) 其他化合物的影響：氰化物（NaCN、KCN 等）有劇毒性，易致命，許多電鍍工廠多用此類化合物來調配需要的電鍍液，使得成品達到美觀的標準，其中毒症狀如噁心、頭暈、嘔吐、呼吸急促與肺水腫等。

(8) 放射性物質：水體受放射性物質影響易間接引起人體細胞及組織的異常，產生生物輻射，而導致癌症等症狀。

三、土壤汙染的來源及其影響

（一）土壤汙染源

一般土壤汙染源包括：1.工業廢水、廢汙泥或其他固體、液態廢棄物、2.農藥及肥料、3.畜殖業廢棄物、4.都市汙水及垃圾與 5.廢氣、落塵及酸雨等。臺灣地區土壤因廢水導致之汙染約占 80%，空氣落塵造成之汙染約占 13%，其餘則包括廢棄物、農藥、肥料與酸雨等之汙染，對土壤均造成不同程度的影響。

（二）土壤汙染之影響

土壤遭受汙染後，不僅土壤品質惡化，同時土壤上方的農作物（如圖 6-7）或食用作物的生物亦受波及，甚至影響到地下水源的品質，而威脅到飲用水的安全。舉例說明如下：

工業廢水排入渠道　　　農地引用汙染灌溉水　　　食用作物重金屬含量過高

❷ 圖 6-7　農地遭受重金屬汙染（資料來源：行政院環保署網頁）

1. 工業廢水中所含的鉛、鎘等之重金屬沉積在土壤中，增加對稻作危害的程度。

2. 使用被汙染的水灌溉，易增加土壤中有機物質和鉀，pH 值降低、含氮量增加，使稻作徒長、倒伏、結實不佳、多病蟲害與米粒中的鎘含量增高等。

3. 含砷成分的農藥流入土壤中，經由食物鏈進入人體、畜產及野生動物體，造成疾病等不良影響。

4. 豬糞尿為高濃度的有機廢水，進入土壤後消耗土壤中的氧氣，使植物根部缺氧而枯死。

5. 土壤中的劇毒性質（如多氯聯苯、戴奧辛等）通常屬於化學工業廢棄物，這些物質排放到環境中會危害生物，引起公害。如 2005 年彰化縣傳出鴨蛋遭受戴奧辛汙染等。

6. 汽機車使用含鉛汽油，其排放之廢氣中含有鉛化合物，經雨水沖刷沉積於土壤中，造成鉛汙染，再經由食物鏈輾轉進入人體，危害健康。

7. 酸雨使土壤酸化、礦物質流失，影響作物之生長。

8. 土壤中汙染物經傳輸影響到地下水的水質，可能間接造成農作物或飲用水的汙染。

四、環境荷爾蒙及其影響

（一）環境荷爾蒙

　　環境荷爾蒙(Environmental Hormone)，係指外因性干擾生物體內分泌之化學物質，即由外在環境進入體內的物質，具有模仿、干擾或抗拒生物體內荷爾蒙的正常活動，亦可能影響生物體內荷爾蒙

的運送、調節、結合、訊號產生與細胞的代謝反應等，其正式名稱是內分泌干擾物(Endocrine Disruptor)。極小濃度的環境荷爾蒙就會對生物體產生深遠的影響，通常為 10 億分之 1(ppb)的濃度。

（二）環境荷爾蒙之來源及其影響

日常生活中，一般常見的環境荷爾蒙包括有：戴奧辛（燃燒與高溫下的產物，如焚化爐）、殺蟲劑（如 DDT）、塑膠添加劑、塑化劑、界面活性劑、食物的抗氧化劑、樹脂原料、多氯聯苯（電容器和變壓器的絕緣油）、有機氯磷系農藥（巴拉松）、鎘、汞等與尚未驗明的化學物質。簡而言之，生活中會使用到的便利用品，如洗碗精、洗衣精、殺蟲劑、油漆、嬰幼兒玩具、塑膠容器與泡麵碗等，皆有可能釋出環境荷爾蒙。茲將戴奧辛、DDT 殺蟲劑及多氯聯苯等環境荷爾蒙特性加以說明如下：

1. 戴奧辛

又被稱為世紀之毒，其來源包括：

(1) 工業原料製程的副產物，如木材防腐劑、除草劑等。

(2) 特定工業製程的燃燒行為，如金屬冶煉、紙漿廠紙漿加氯漂白過程、燃煤或燃油火力發電廠等之高溫製程。

(3) 其他人為的燃燒行為，如香菸的煙霧，汽、柴油機動車和飛機的廢氣，及燃燒含氯有機物汙染的物品，如露天燃燒垃圾、廢電纜、廢五金等。

去除「戴奧辛」最可行的方法就是高溫焚化，大型垃圾焚化爐處理溫度達到 850℃ 以上，即可破壞戴奧辛，如戴奧辛含量較高者，則焚化溫度要控制到 1,000℃ 以上。送進焚化爐的垃圾成分也會影響戴奧辛的濃度，因此必須確實做好垃圾分類，尤其是要回收塑膠類的垃圾、減少製造垃圾，更是戴奧辛減量最有效的方法。日

常飲食中勿攝取過量肉類脂肪及內臟、使用較簡單的烹調方式、不要露天燃燒廢棄物等，均可減少戴奧辛產生。

2. DDT 殺蟲劑

DDT(Dichloro-diphenyl-trichloroethane)，學名雙對氯苯基三氯乙烷，化學式：$(ClC_6H_4)_2CH(CCl_3)$，為一種白色晶體，不溶於水，溶於煤油，曾經是最著名的合成農藥和殺蟲劑。對人類的毒性較低，不易降解，長久累積下來對鳥類及魚類的繁殖不利，破壞生態環境，世界各地大都禁用，少數地區還用來對抗瘧疾。

3. 多氯聯苯

多氯聯苯(Polychlorinated Biphenyl, PCB)在常溫下為密度大於 1 的液體，不易被熱分解、不易被氧化、不溶於水、不易導電，具抗強酸強鹼能力，是一種相當穩定的絕緣體，常作為變壓器油、切削油、液壓油、潤滑油、塗料及溶劑，應用範圍很廣。1979 年彰化發生多氯聯苯中毒事件，係因生產米糠油之熱交換器管線破裂，多氯聯苯滲出而汙染了米糠油，毒害的症狀包括長瘡、皮膚過敏、指甲變黑、痛風、貧血、呼吸與免疫系統受損等，甚至還有早產的黑嬰兒。在動物實驗上已經證實，多氯聯苯屬於致癌物質，容易累積於脂肪組織，造成腦部、皮膚及內臟的疾病，並影響神經、生殖及免疫系統。

2001 年 5 月有 128 個團體和 151 個國家地區於瑞典的斯德哥爾摩協商「針對持久性有機汙染物應採取一些必要的行動」，於 2004 年 5 月 17 日，公約正式生效，共同簽署同意禁用包含多氯聯苯在內的 9 項持久性有機汙染物，希望在 2028 年全面禁用多氯聯苯。

五、垃圾與資源回收

（一）垃圾與資源

　　「環保」一詞對現代人而言，可謂家喻戶曉的時髦名詞，要如何落實生活環境，減少垃圾量及資源再利用，是環保工作的基本目標，也是環保的治本之道，由於經濟快速成長，現今大量的生產與消費活動，製造了大量的垃圾，除了造成環境的負荷，也導致資源的浪費。依據行政院環保署的統計資料顯示，2017 年臺灣地區平均每人每日生產 0.915 公斤的垃圾，雖然同年的資源回收率已達 52.51%，其成效與各國比較已屬卓著，但從數據顯示仍有改進的空間。

　　欲解決垃圾問題，首先就是降低物慾、減少消費，減低垃圾的產生量，繼之則是物品之重複使用或延長產品的使用年限，第三階段為資源回收、再生利用。無法回收再生利用的垃圾，以焚化或衛生掩埋方式處理。經多年宣導，現今世界各國人民多已具垃圾分類與資源回收之概念，戶外隨處均有資源回收箱之設置，供民眾使用（如圖 6-8 及 6-9），資源回收除了減少垃圾量，降低環境汙染之外，更具有資源永續利用的積極意義。

● 圖 6-8　臺灣地區置於室外之資源回收箱

● 圖 6-9　大陸福州地區置於室外之資源回收箱

（二）垃圾減量 5R 原則

　　為降低垃圾量並倡導「化廢為寶」之概念，首先應從垃圾減量出發，其次就是做好垃圾分類及資源回收的工作，垃圾減量之五項原則，即 Reduce、Reuse、Repair、Refuse、Recycle，一般人稱之為垃圾減量 5R 原則，說明如下：

1. Reduce：減少丟棄之垃圾量。

2. Reuse：重複使用容器或產品。

3. Repair：重視維修保養，延長物品使用壽命。

4. Refuse：拒用無環保概念之產品。

5. Recycle：物品回收再使用。

　　總之，落實垃圾減量 5R 運動並不困難，只要大家都能犧牲一點物質享受、放棄一點虛榮和方便，改變自己，影響別人，就可以緩和環境和生態的急速惡化。

6-2　科技方法解決環保問題

　　現今環境因科技的發達使得汙染問題呈現多元化，解決之道首在預防，預防是最便宜、最長期也是最佳的處理方式，預防重於事後的補救。

一、空氣汙染問題的解決

　　控制空氣汙染的策略大致分為：

1. 替代：我們可以改變生活型態，使用較少能源；我們可以使用較少汙染的科技達到我們想要的生活水準；我們可以使用電動車取代燃油車。

2. 減量：我們可以維持現有的生活型態，但減少從事活動的次數或規模。例如開小型的車輛（省油）、利用大眾運輸系統（減少耗油）與應用科技的進步使能源的消耗更有效率等。

3. 去除燃料中會產生汙染的物質：例如減少煤碳中的含硫量或汽油中的含鉛量等。

4. 不要使汙染物進入空氣中：例如在汽車內加裝觸媒轉化器或在煙囪前加裝洗滌塔等。

5. 去除空氣中的汙染物：因為空氣的範圍甚廣，欲將之收集起來再利用（如洗滌塔的設備來去除汙染物），需要投入許多經費，最好是在汙染物尚未進入大氣前，將之去除掉較為經濟可行。

6. 保護受體：所謂受體，就是指前面所提到會受到空氣汙染影響的物體，可能是人、動植物、建築物或河川等。保護受體的方式，例如在建築物或雕像等之外層塗上保護膜，培育具抵抗力

的植物種類、加石灰到湖水中以避免酸化與在空氣汙染情況嚴重時通知人們減少戶外活動並命令汙染源減少排放等。

7. 持續推動使用大眾運輸、電動車及自行車等綠色運具。

8. 增設環保公園、都市綠化及設置空氣品質淨區。

二、水汙染問題的解決

水汙染的影響層面廣泛，如人體健康、工業發展與農業灌溉等，解決水汙染措施必須具備好的汙水控制與處理系統、減少有機廢棄物排放與危險廢棄物產生、研究水體自淨能力、淨化廢水、局部處理汙染水域，並加強管制與取締，尋求更完善且安全的水供應系統等。

汙染源的控制與處理過程，最佳作法是防範於未然，於生產過程中無汙染物產生，發展乾淨、無公害與無汙染的方法。其次是推廣廢水回收與再利用，以降低成本；家庭或學校廢水可經汙水處理程序後回收，用於馬桶沖水或庭園噴灌；都市汙水經處理後再利用於灌溉用水。再者是應用生物、化學等技術處理高濃度汙水和汙泥等汙染問題，汙水處理主要以去除 BOD 值和 COD 值為目標，以便提高水體之 DO 值，防止優養化，並作適當前置處理，防止水體受重金屬汙染，使達到灌溉標準之水質，才不致間接影響人體健康。

三、土壤汙染問題的解決

汙染的土壤防治措施有：

1. 採取排土（挖去汙染的土壤）、客土（用非汙染的土壤覆蓋於汙染土表上）、翻土（將底層乾淨土壤與上層汙染土壤交換）與水源轉換等措施。

2. 生物改良措施，利用非經濟作物的強力吸收排除部分汙染物，例如：重金屬等之汙染。

3. 降低汙染物質的活性，常用的改良劑有硫酸鹽（使汞、鉛、銅等重金屬生成沉澱）與石灰（調整酸鹼值）等。

4. 追蹤調查實際汙染作物者，採取必要之適當措施。

5. 有機氯農藥汙染的土壤，可採用水旱輪作方式加速排解予以改良，不適水旱輪作之田地則可施用生物改良劑，加速農藥降解。

四、廢棄物汙染問題的解決

降低垃圾等廢棄物汙染之方式有：

1. 減少資源的消耗。

2. 抑制源頭廢棄物的產生，強調回收再利用之觀念。

3. 提倡綠色生產、綠色消費、源頭減量、資源回收、再使用及再生利用等方式，將資源有效循環利用，逐步達到垃圾全回收、零廢棄之目標。

6-3 科技與環境之永續發展

環境永續與人類之發展息息相關，面對未來，全球許多環境問題似乎將持續惡化，唯有人類改以主動前瞻的方式因應環境之相關課題，學習環境生態的互利、共享以及公平的精神，我們的未來才有希望與轉機。

人類為滿足人口激增的需求、提高生活品質、追求經濟發展，在工業化和科技化之前提下，常常漫無節制的使用資源，無形中破

壞生存環境而不自知。以糧食資源為例，早在 2013 年 4 月天下雜誌便曾報導：在臺灣平均每人每年丟棄 102 公斤食物的同時，臺灣有許多孩童三餐難以溫飽，該雜誌歷時半年走訪日、韓及臺灣各個角落追蹤剩食的旅程，揭開食物浪費的祕密，同時呼籲國人從產地到餐桌力行：吃在地、選當季、不浪費的新「良」食運動。近年來環保意識抬頭，且不斷有證據顯示環境的危害日益加劇，才逐漸受到人們重視，同時也體會唯有實施全球環保，方能維持地球資源的永續發展，也才能從根本解決環境汙染的問題。

　　永續發展可廣泛地定義為一人類有能力使開發持續下去，也能保證使之滿足當前的需要，而不致危及到下一代滿足其需要的能力。永續發展的內涵應包含公平性、永續性與共同性三個原則，永續發展的層面則為：

1. **社會層面**：主張公平分配，以滿足當代及後代全體人民的基本需求。

2. **經濟層面**：主張建立在保護地球自然系統基礎上的持續經濟成長。

3. **自然生態層面**：主張人類與自然和諧相處。

　　總而言之，永續發展的觀念已成為全球環保的極重要理念。

　　永續發展應有的方向：

1. 鼓勵經濟成長的同時，應節約資源、減少廢汙染物排放、理性消費與提升生活品質。

2. 工業及科技發展應以保護自然生態環境為基礎，資源的利用應與環境保護相互協調，在環保的前提下發展工業，控制汙染、改善品質，維持生物多樣性與維護生態系統的完整性。

3. 簡樸生活：科技文明帶來了空前的富有，但應回頭讓心靈沉
   澱，過簡樸的生活，由日常生活中履行環保，人人投入參與，
   才能提升生活品質，達到人類永續發展的目標。

　　政府有鑑於個人生活方式與地球永續發展關係密切，而提出環
保新生活運動宣言共十五項，其內容如下：

1. 主動關心、監督公共事務，參與社區組織，共同維護社區環境
   品質。

2. 飲食均衡適量，剩菜打包，減少廚餘。

3. 提倡喝白開水，避免食用垃圾食品、飲料。

4. 拒菸、拒吸二手菸，力行公共場所禁菸。

5. 節約用水，減少水汙染，保護水資源及河川。

6. 力行綠色消費，如購買環保商品、綠色婚禮等。

7. 自備購物袋，少用塑膠袋，拒用過度包裝、不易分解、不利回
   收之產品。

8. 多使用大眾運輸工具，鼓勵共乘。

9. 抵制垃圾郵件廣告，舉發廣告汙染。

10.提倡節葬、潔葬，鼓勵火葬、公墓公園化。

11.拜神祭祖心誠則靈，少焚香、燒紙錢可減量、集中焚燒並使用
   環保炮竹。

12.拒食、拒買、拒養野生動物及其產製品。

13.不棄養寵物，鼓勵認養流浪動物。

14.愛護植物，不虐待動物，改變放生習俗為護生觀念。

15.提倡心靈環保，倡導綠色休閒生活，減輕自然環境的負荷。

　　21 世紀簡樸生活的基本理念，將影響社會上各階層的生活習慣，人類在生產、交易、穿著、飲食、旅遊與其他日常生活中享受科技帶來的便捷時，必須認定：每個人的活動都將影響環境和其他人，我們只有一個地球，只有靠每一個人即時行動，從小事做起，從眼前開始，從生活上做環保，讓生活簡單，避免製造過多的汙染。「大」不見得就是好，「多」也不見得就是富有，唯有簡單自在，生活才真正是一種享受。

習題

一、選擇題

( )1. 環境汙染主要包括以下何種汙染？ (A)空氣 (B)水 (C)土壤 (D)以上皆是。

( )2. 會吸收紅外線光而造成「溫室效應」主要的氣體為何？ (A)甲烷 (B)二氧化碳 (C)二氧化硫 (D)臭氧。

( )3. 行政院環保署 1990 年統一定義酸雨之酸鹼值(pH)為何？ (A)pH＜5.0 (B)pH＞5.0 (C)pH＝5.0 (D)pH＞7.0。

( )4. 臺灣常有用水不足的現象，與下列何者有關？ (A)雨季太過分散 (B)降雨量太少 (C)位處於亞熱帶，氣候炎熱 (D)地形陡峭，河流短促，水流湍急。

( )5. 「光煙霧」主要是何種物質增加所造成？ (A)硫氧化物 (B)碳氧化物 (C)氮化物 (D)氫氧化物。

( )6. 什麼物質會破壞臭氧層？ (A)氧氣 (B)氟氯碳化物 (C)二氧化碳 (D)氫氣。

( )7. 下列何項不是水質汙染的化學性指標？ (A)pH 值 (B)DO (C)LD_{50} (D)COD。

( )8. 下列何項物質過多會導致優養化？ (A)氮、硫 (B)氮、磷 (C)氯、磷 (D)氯、硫。

( )9. 下列何者屬於水質汙染的生物性指標？ (A)濁度 (B)色度 (C)生化需氧量 (D)優養生物。

( )10. 產生「綠牡蠣」現象是由於水中含有過高濃度的何種金屬？ (A)銅 (B)砷 (C)鎘 (D)鉛。

（　　）11. 發生在日本的「水俁病」是下列何種金屬中毒所造成？
(A)鋁　(B)鉛　(C)鋅　(D)汞。

（　　）12. 痛痛病是經由何種金屬汙染所造成？　(A)銅　(B)砷　(C)
鎘　(D)鉛。

（　　）13. 烏腳病係因長期喝下含下列何種金屬的水所造成？　(A)
汞　(B)砷　(C)鎘　(D)鉛。

（　　）14. 桃園工業區排出含「鎘」廢水，導致觀音鄉種出來的稻
米含有「鎘」，這是受到什麼因素的影響？　(A)土壤遭受
汙染　(B)天空下酸雨　(C)噴灑殺蟲劑　(D)農人擅自加
鎘。

（　　）15. 臺灣年平均降雨量約為多少毫米？　(A)600　(B)1200
(C)1800　(D)2500 毫米。

（　　）16. 彰化米糠油中毒事件是因為食用何種化學物質所造成？
(A)戴奧辛　(B)DDT　(C)苯乙烯　(D)多氯聯苯。

（　　）17. 燃燒廢五金易製造空氣汙染並會產生世紀之毒，是指下
列何項？　(A)戴奧辛　(B)DDT　(C)苯乙烯　(D)多氯聯
苯。

（　　）18. 保利龍的包裝盒上寫著 PS，所謂 PS 代表的是哪種聚合
物？　(A)聚乙烯　(B)聚丙烯　(C)聚苯乙烯　(D)酚甲醛樹
脂。

（　　）19. 下列何者正確？　(A)世界「環境日」是每年的 5 月 6 日
(B)世界「地球日」是每年的 3 月 22 日　(C)世界「水
日」是每年的 4 月 22 日　(D)世界「環境日」是每年的 6
月 5 日。

( ) 20. 減少全球暖化的主要行動為何？ (A)資源回收 (B)減少
能源消耗 (C)進行堆肥化處理 (D)植林。

二、問答題

1. 請列舉五項現今全球性所面臨之環境問題。

2. 空氣品質指標(AQI)計算時是考慮哪六項因素？

3. 臺灣地區水汙染的主要來源為何？

4. 臺灣被列為全球的缺水國家，其原因為何？

5. 簡要說明環境荷爾蒙之意義。

6. 垃圾減量 5R 原則為何？

7. 土壤汙染源包括哪些？

8. 為了環境永續，請舉出五項環保新生活運動。

參考文獻

1. 聯合國世界環境發展委員會，Our Common Future-The World Commission on Environment and Development，Oxford University Press，1987。

2. 於幼華，《環境與人》，遠流，2000。

3. 歐陽嶠暉，《2000 年民間環保政策白皮書》，厚生基金會，2001。

4. 陳偉、石濤，《環境與生態》第三版，新文京，2017。

5. 林郁欽、毛明忠、洪文洋、許順鏘、陳明媛、劉如潔、蕭輝俊、蘇金豆，《環境科學概論》，普林斯頓國際有限公司，2004。

6. 盧昭彰，《環境‧人‧生活》第六版，高立，2015。

7. 蔡勇斌、余瑞芳、白子易、莊順興，《環境科學概論》第六版，滄海，2013。

8. 歐陽嶠暉，《水水水》，臺灣水環境再生協會，2006。

9. 黃忠勛、吳豐帥、吳世卿，《環境保護概論》，高立，2006。

10. 田博元，《環境與生活》，新文京，2008。

11. 洪玉珠、盧天鴻、白秀華、張寶樹、徐儆暉、程建中，《環境與健康》，華杏，2011。

12. 蘇金豆，《科技與生活》第五版，新文京，2017。

13. 水資源永續發展專輯，《永續產業發展季刊》第 57 期，經濟部工業局，2011。

14. 廢棄物資源化專輯，《永續產業發展季刊》第 59 期，經濟部工業局，2012。

15. 謝燕儒，〈臺灣空氣品質管理經驗與成效〉，2012 海峽兩岸空氣品質管理交流研討會。

16. 綠色紀念日，行政院環境保護署，2013。

17. 環境正義，行政院環境保護署，2013。

18. 行政院環境保護署，http://www.epa.gov.tw/。

19. 經濟部水利署，http://www.wra.gov.tw/。

20. 教育部環境保護小組，http://www.edu.tw/environmental/。

21. 臺灣環境保護聯盟，http://www.tepu.org.tw/。

22. 臺灣環境資訊協會－環境資訊中心，http://e-info.org.tw/。

23. 環保生活資訊網，http://gaia.org.tw/。

24. 環境資源研究發展基金會，http://www.ier.org.tw/。

25. 聯合國水資源組織網頁，http://www.unwater.org/。

Memo:

CHAPTER

07

能源科技

7-1 前言

　　近來因為美國與中國的貿易戰，許多號稱民主政營的國家，大多支持美國的反中政策，迫使許多外移中國的產業回來臺灣，尤其半導體產業訂單大量流向臺灣，造成很多產業害怕缺電，因此能源政策備受矚目。

　　2016 年臺灣政黨輪替，不只臺灣出現第一位女總統，立法院亦首次政黨輪替，民主進步黨拿下過半席次，成為立法院最大黨；蔡英文總統選前提出「2025 非核家園」的目標，立法院於 2017 年 1 月 11 日三讀通過《電業法》修正條文，總統於同年 1 月 26 日公布施行，其中第 95 條第一項條文即明定「核能發電設備應於中華民國 114 年以前，全部停止運轉」。但在 2018 年年底的公投，出現中華民國歷史上第一次法律的複決，將前述之條文否決，即表示 2025 年以後核能發電仍可運轉。不過因執政黨的能源政策以「2025 年非核家園」、「2025 年再生能源占 20%」及「降低燃煤發電至 30%，提高燃氣發電到 50%」的三大重點方向，對於核能發電議題，仍朝向非核家園。因此支持核能發電團體，再度提出核四啟封商轉發電之公投，2021 年 12 月 18 日公投結果為未通過。

　　核能發電在 1998 年時占臺灣總用電來源的 22.6%，至 2022 年已下降至 9.1%，1998 年的火力發電占臺灣總用電來源的 70.4%，至 2016 年提高到 81.9%，近來因發展再生能源，2022 年火力發電，微降至 79.6%，而火力發電因有空氣汙染問題，因此臺灣的能源來源頗受人民的關切。

　　根據教育部重編國語辭典修訂本，「能源」的定義為：可以產生能量的物質。科學上有許多能量的種類，如：機械能、熱能、化學能、電磁能、輻射能、核能等。能量是可以轉換的，目前最常見

的火力發電即為熱能轉換為電磁能。能量可分為蘊藏在自然界中，直接取得的天然能源的「**初級能源**」(Primary Energy)，如煤、石油、太陽能、風能、地熱能、生質能等；以及把初級能源經過轉換處理，產生另一種形式的能源的「**次級能源**」(Secondary Energy)，如汽油、煤油、柴油、電能、液化石油氣、蒸氣等。初級能源還可細分為「非再生能源」(Nonrenewable Energy)及「再生能源」(Renewable Energy)；開採消耗後，短期內無法恢復，如煤、石油、天然氣、核能、化學能等為「非再生能源」，而使用後仍可更新或再生的能源，如太陽能、水力能、風力能、地熱能、潮汐能、洋流能、生質能等為「再生能源」。表 7-1 為 2022 年我國發電量概況，火力發電為主要項目，占 79.6%。近年來臺灣的用電量逐漸增加，2008 至 2016 年平均每年用電量為 2115 億度，而 2022 年為歷史新高，破 2500 億度，2023 年 3 月核二廠的 2 號機組除役，核能發電比例會再下降 3%左右，再生能源比例能提高嗎？還是燃煤、燃氣比例增加？

表 7-1　2022 年我國發電量概況

		度數（億度）		比重(%)	
火力發電	燃氣	1089.1	1997.1	43.4	79.6
	燃煤	872.95		34.8	
	燃油	35.05		1.4	
核能發電		229.17		9.1	
再生能源		216.32		8.6	
水力發電		30.52		1.2	
汽電共生		34.38		1.4	
合計		2507.49			

表中各能源別之百分比因計算後取小數點 1 位（四捨五入），故細項加總可能不等於 100%

目前《電業法》將電業分成發電業、輸配電業及售電業，發電業及售電業可以開放民營，但輸配電不開放給民營，主要是怕供電不穩定，2003 年北美大停電，就是因為供電開放民營，導致各廠互相競爭，為了搶顧客，拼命壓低價格，最後入不敷出，所有的電廠崩盤，無法再供應給大眾，致使北美大停電。

7-2　火力發電

火力發電占所有產電方式的最大宗，因此在全臺各地臨海地區，若是看到巨大的煙囪，很有可能就是該地建有火力發電廠。表 7-2 為臺電公司所屬火力發電廠一覽表，表 7-3 為民營火力電廠一覽表。

表 7-2　臺電公司所屬火力發電廠一覽表

電廠名稱	所在位置	燃料	啟用年份	備註
協和	基隆市中山區	重油	1977	計畫新增天然氣機組。
深澳	新北市瑞芳區	煤	1960-2007	
林口	桃園市林口區	煤	1968	
大潭	桃園市桃園區	天然氣	2005	
通霄	苗栗縣通霄鎮	天然氣	1965（舊廠）1983（新廠）	另有 6 臺風力機組。
臺中	臺中市龍井區	煤／輕油	1992	1. 全球第四大火力電廠。2. 另有 22 臺風力機組。3. 預計 2025 年淘汰輕油機組改燃氣機組。
興達	高雄市永安區	煤／天然氣	1982	

表 7-2　臺電公司所屬火力發電廠一覽表（續）

電廠名稱	所在位置	燃料	啟用年份	備註
南部	高雄市前鎮區	天然氣	1955 1993（改建）	
大林	高雄市小港區	天然氣 煤（試俥中） 重油（除役）	1969	2017 年 11 月燃油機組除役。
綠島	臺東縣綠島鄉	柴油	1982	
蘭嶼	臺東縣蘭嶼鄉	柴油	1982	
尖山	澎湖縣湖西鄉	柴油	2001	另有 14 臺風力機組。
虎井	澎湖縣馬公市虎井嶼	柴油	1974	
望安	澎湖縣望安鄉	柴油	1978	
七美	澎湖縣七美鄉	柴油	1978	1. 1989 年曾設 2 臺風力發電，1991 年終止。 2. 2011 年新設太陽能光電發電廠。
塔山	金門縣金城鎮	柴油	2000	
夏興	金門縣金湖鎮	柴油	1982	2000 併入塔山電廠管轄。
麒麟	金門縣烈嶼鄉	柴油	1974	1. 1991 年新機組加入，淘汰舊機組。 2. 2000 併入塔山電廠管轄。
東引	連江縣東引鄉	柴油	1971	
西莒	連江縣莒光鄉	柴油	1971	
珠山	連江縣南竿鄉	柴油	2010	1. 前身馬祖電力公司仍有 9 部機組運轉中。 2. 2014 年併入協和電廠管轄。

表 7-3　民營火力發電廠一覽表

電廠名稱	所在位置	燃料	啟用年份	成立時投資者
長生	桃園市蘆竹區	天然氣	1999	長億集團 日本丸紅
麥寮	雲林縣麥寮鄉	煤	1999	臺塑集團
和平	花蓮縣秀林鄉	天然氣	2002	臺泥 香港中電國際
桃新	新竹縣關西鎮	天然氣	2002	長榮集團 日本丸紅
國光	桃園市龜山區	天然氣	2003	中油 臺灣汽電共生 日本關西電力
嘉惠	嘉義縣民雄鄉	天然氣	2003	亞泥 美商電力開發
星能	彰化縣線西鄉	天然氣	2004	臺糖 臺灣汽電共生 荷商東京電力
森霸	臺南山上區	天然氣	2004	臺糖 臺灣汽電共生 荷商東京電力
星元	彰化線西鄉	天然氣	2009	開發工銀 臺灣汽電共生 荷商東京電力

　　火力發電原理簡單來說，煮開水產生蒸氣推動汽輪機，最後動能轉換成電能。而煮開水需要鍋爐、燃料、水、空氣，其中以煤、石油、天然氣等作為燃料，而加熱用水是從自來水公司經過特殊處理，去除陰陽離子和土質顆粒，是純淨的除礦水，可避免不必要的雜質，干擾發電過程中熱交換的進行。圖 7-1 為火力發電的原理示意圖。

　　燃燒石化燃料中的煤和石油，會產生大量煙塵和廢氣，部分有毒，恐造成空氣汙染。二氧化硫(SO_2)等氣體會和空氣中的水分產生化學作用，其後隨著雨水下降，形成酸雨，損害植物、水體等。二氧化碳(CO_2)會在大氣中累積，加強溫室效應，使氣溫上升。相對而言，天然氣的有害物質較少，在其轉換成液態處理過程中，硫、氮、水分等不純物質，已被盡數去除，所以燃燒時只產生少量的氮氧化物及二氧化碳。

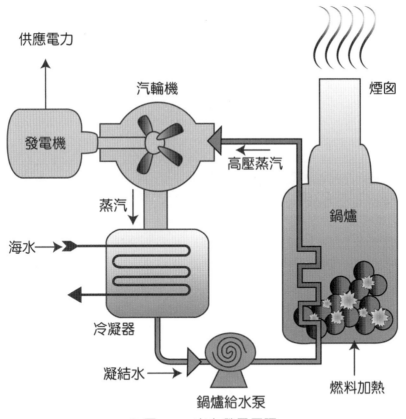

● 圖 7-1　火力發電原理

　　火力發電廠通常會建在有大量水資源的附近，例如海或是湖旁，臺灣的發電廠都是靠海，美國則是臨近五大湖，這是因為需要大量的水去冷卻發電產生的熱能，避免溫度過高，而產生異常的高壓。另外，火力發電廠的特徵是有巨大的煙囪，如圖 7-2，這是用來將發電過程中產生的廢氣排出，目前可見的火力發電廠煙囪都很高，這樣的設計是利用空氣密度的不同，產生廢氣自動上升的效果，避免要再多做一個裝置推動廢氣的排放。

❷ 圖 7-2　臺中火力發電廠巨大的煙囪
（圖片來源：https://upload.wikimedia.org/wikipedia/commons/
7/7a/Taichung_Thermal_Power_Plant.JPG）

7-3　核能發電

　　核能是原子核結構發生變化時放出的能量。鈾的原子核是由中子和 92 個質子組成，而中子的數目可以不同。例如鈾-235 的原子核有 143 個中子和 92 個質子，總共有 235 個核子。鈾-238 的原子核就有 146 個中子和 92 個質子，總共有 238 個核子。

　　鈾-235 較易產生核分裂。在天然的礦物鈾中，鈾-235 的含量只有 0.7%。核電廠所用的二氧化鈾是經過濃縮的，一般含有 3~4%的鈾-235。當鈾-235 的原子核被一顆中子碰撞時，原子核便會分裂成兩顆較輕的原子核，同時釋放出能量，以及兩個或三個中子。在核電廠中，鈾分裂時放射出的中子會引發其他鈾原子核的分裂，這個過程不斷重複，在反應堆中產生了一個鏈式反應，不斷地產生能量，如圖 7-3 所示。

　　核電廠運作原理，是用鈾製成的核燃料在反應堆內進行核分裂，產生巨大的能量，反應堆內的迴路裝置利用水把能量傳輸到鍋爐，然後產生蒸氣。蒸氣通過另一個迴路進入渦輪機，驅動發電機組發電，如圖 7-4。

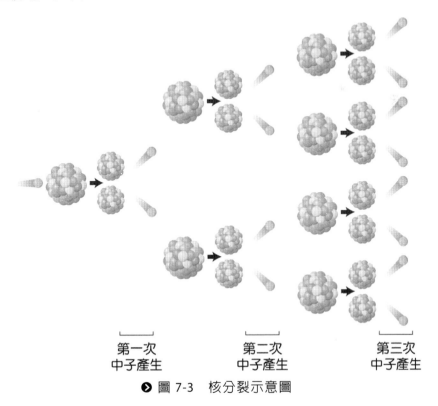

第一次　　　　　第二次　　　　　第三次
中子產生　　　　中子產生　　　　中子產生

● 圖 7-3　核分裂示意圖

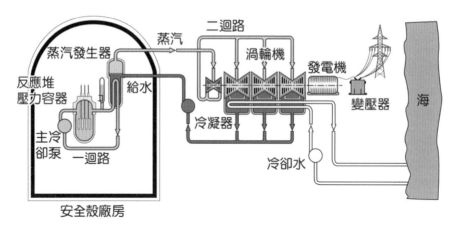

● 圖 7-4　核電廠運作原理

　　臺灣核電發展歷史中有三座核電廠運轉，分別位於新北市石門區的核一廠（金山核能發電廠）、新北市萬里區的核二廠（國聖核能發電廠）、屏東縣恆春鎮的核三廠（馬鞍山核能發電廠），以及未運轉的核四廠（龍門核能發電廠，位於新北市貢寮區）。核能發電廠一般使用年限是 40 年左右，因此核一廠及核二都已除役。

　　核一廠雖位於石門區，但距離金山區市區較近，因此別稱為金山核能發電廠，1971 年底開始施工，一號機於 1978 年 12 月開始商業運轉，二號機於 1979 年 7 月開始商業運轉。核一廠一號機與二號機分別於 2018 年 12 月及 2019 年 7 月除役。

　　核一廠興建期間，1973 年發生第一次石油危機，火力發電成本爆增，影響能源的供應，核能發電的迫切性提高，同年政府將核能電廠列入十大建設，顯示政府對基礎能源供給的重視。

　　核二廠廠址位於新北市萬里區與新北市金山區之間的國聖埔，因此稱為國聖核能發電廠，1974 年 9 月開工興建，一號機於 1981 年 12 月商轉，二號機於 1983 年 3 月商轉，兩機組分別於 2021 年 12 月和 2023 年 3 月份除役。

核三廠如圖 7-5，因鄰近馬鞍山而別名馬鞍山核能發電廠，而廠區毗鄰墾丁南灣，也成為墾丁國家公園內的顯著地標之一。其於 1978 年興建，一號機 1984 年 7 月商轉，二號機 1985 年 5 月商轉；二號機組於 2025 年將滿 40 年，即將除役。

❷ 圖 7-5　核三廠
（圖片來源：https://upload.wikimedia.org/wikipedia/commons/d/d5/
NP3_in_Taiwan.JPG）

核四廠位於新北市貢寮區，在 1980 年 5 月提出，但由於貢寮居民強烈反對，1985 年 5 月行政院指示加強民眾溝通，暫緩核四興建，1986 年發生車諾比事件，全球各地反核聲浪不斷，加上當時臺灣用電成長趨緩，由時任行政院長俞國華先生指示暫緩興建。

1992 年，立法院預算委員會通過解凍核四預算案，核四廠開始後續規劃興建，1994 年 5 月貢寮自行舉行核四公投，開票結果不同意興建者占 96%以上。1995 年、1996 年立法院分別通過核四預算 1126 億餘元。1998 年 5 月，立法院通過「立刻廢止所有核能電廠之興建計畫，刻正進行之建廠工程應即停工善後，並停止動支任何相關預算且繳回國庫」之決議。行政院隨即提出覆議案，在民

進黨及新黨黨團缺席下，覆議案獲得通過。1999 年 3 月 17 日，核四廠正式動工。

2000 年政黨輪替，由長期支持反核運動的民進黨執政，陳水扁總統指示「核四再評估」，經濟部長林信義召開「核四再評估會議」，暫緩核四工程各項採購與工程招標，10 月由行政院長張俊雄宣布停建核四，後因大法官第 520 號解釋文，解釋文說明：「核四停建屬於國家重要政策的變更，行政院應向立法院提出報告並備質詢，立法院亦有聽取的義務。立法院作成反對或其他決議，應視決議的內容，由各有關機關協商解決方案，或根據憲法機制選擇適當途徑解決僵局。」2001 年 2 月 14 日，行政院正式宣布第四核能發電廠工程復工，2011 年 3 月 11 日，日本發生福島核災，許多國家開始檢視核能發電政策，要求審慎辦理包括耐震及防海嘯能力在內的核能安全總體檢，核四也應經管制機關審查同意後，才能運轉發電。即使經過多次安檢，確保核四廠已經可以正常運轉，但行政院長為了化解民眾疑慮，於 2014 年 4 月 24 日宣布核四封存，在安檢完成後，不放置燃料棒、不運轉，日後啟用核四，必須經公投決定，2021 年 12 月 18 日曾舉行核四啟封公投，但未獲通過。

核能是一種儲量充足並被廣泛應用的能量來源，而且如果用它取代石化燃料來發電的話，溫室效應也會減輕。但核能發電面對的疑慮有二，一為核廢料的存放與防護，若得不到足夠的防護，很可能某些特殊因素（恐怖攻擊、地震）造成核廢料泄漏問題。二為核子事故和恐怖分子襲擊的威脅，這樣的話大量平民都會受到放射線線的照射。以日本福島第一核電廠事故例子，在重大災難時，核燃料與核廢料可能失去冷卻系統，若無法及時冷卻，高溫高壓會摧毀圍阻體，但搶救需要仰賴自願者，非常不道德，此事故後，德國決定在 2022 年底前關閉所有核電廠，但 2022 年初開始的俄烏戰爭，

讓許多人開始質疑，德國是否會為了補足天然氣缺口與減碳目標而逆轉廢核政策，2022 年 9 月德國聯邦經濟氣候部長宣布 2 座南部核電廠的除役期限延長至 2023 年 4 月，不使用新的燃料棒，僅作緊急備用電廠。

7-4　水力發電

　　水力發電係利用河川、湖泊、水庫等位於高處具有位能的水流至低處，將其中所含之位能轉換成水輪機之動能，再藉水輪機為原動機，推動發電機產生電能，其原理如圖 7-6，一般水力發電可分為五類，分述如下：

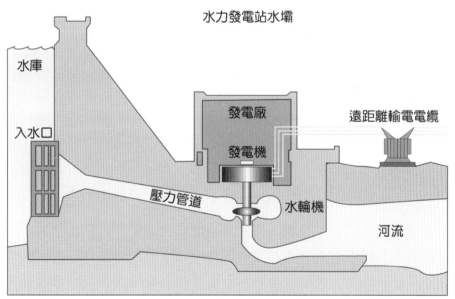

❷ 圖 7-6　水力發電原理

一、水庫式水力發電(Conventional Hydroelectricity)

又稱堤壩式水力發電,是水力發電的代表,以堤壩儲水形成水庫,其最大輸出功率由水庫容積及出水位置與水面高度差距決定,位能的大小與此高度差成正比,圖 7-7 為石門發電廠。

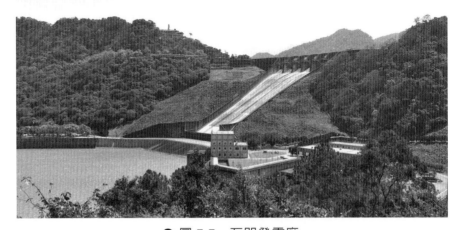

❷ 圖 7-7　石門發電廠

（圖片來源：https://upload.wikimedia.org/wikipedia/commons/f/fc/
%E7%9F%B3%E9%96%80%E6%B0%B4%E5%BA%AB_Shi
men_Dam.jpg）

二、川流式水力發電(Run of the River Hydroelectricity)

又稱引水式水力發電,川流式發電廠在廠房外觀與設計上,與傳統的水力發電方式有著顯著的不同。傳統的水力發電形式,也就是水庫式發電,會興建大型的水庫來蓄存大量用來發電的水流,然而此種方式將可能會淹沒大片土地。相較之下,川流式發電並沒有上述中對於水壩或水庫興建上不利的問題。圖 7-8 為新北市桂山發電廠位於新店溪中游的粗坑壩,供應下游的粗坑發電廠進行發電,其霸高 6.8 公尺,對於環境影響較少。

● 圖 7-8　新店溪中游的粗坑壩

（圖片來源：https://upload.wikimedia.org/wikipedia/commons/8/87/
%E7%B2%97%E5%9D%91%E5%A3%A9.JPG）

三、小型水力發電(Small Hydro)

　　小型水力發電又稱為調整池式水力發電，是界於水庫式水力發電及川流式水力發電之間的發電方式，和水庫式水力發電一樣會興建攔水壩，形成的湖泊稱為調整池，但調整池容水量較少，因此規模比一般水庫要小。圖 7-9 為位於臺中市和平區大甲溪上游，德基水庫大壩下游約 1 公里處之青山壩，為一座混凝土重力壩，主要功能為攔蓄德基水庫發電尾水形成的調整池，供下游的青山發電廠發電。

● 圖 7-9 　青山壩

（圖片來源：https://upload.wikimedia.org/wikipedia/commons/2/2e/
Chinshan_Dam04.jpg）

四、潮汐發電(Tide Power)

潮汐發電是以因潮汐引致的海洋水位升降發電。一般都會建堰壩貯水發電，但也有直接利用潮汐產生的水流發電。

全球適合潮汐發電的地方並不多，1967 年法國在不列塔尼半島東邊的勞倫斯河(La Rance)河口，建造了世界上最早的潮汐發電廠。該發電廠係在河口的海灣圍建一水壩和水路，漲潮時，海水從水路引入儲水池；退潮時，水則往外洩洪。當海水進出壩口時，利用流動的水路來轉動渦輪，進而發電，如此每天概可發電四次。發電量每小時在 4 億至 5 億瓦左右，但因大、小潮的變化無法獲得固定的發電量，原理如圖 7-10 所示。

目前臺灣尚未有潮汐發電廠，臺灣沿海之潮汐，最大潮差位於金門、馬祖外島，可高達 5 公尺的潮差，而其他地區都在 5 公尺以下，甚至低於 2 公尺，且臺灣附近海岸大多為沙岸等不適合發展潮汐的地形；而金門和馬祖兩個離島來說，對於潮差方面有不錯的條件，故臺灣地區的潮差發電發展方向，可以以金門、馬祖兩離島為先導廠址。

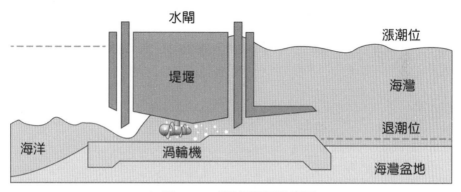

● 圖 7-10　潮汐堰壩示意圖

五、抽蓄水力發電(Pumped-storage Hydroelectricity)

抽蓄水力發電，是一種特殊的水力發電廠。利用離峰電力將水抽至地勢較高的蓄水庫貯存，尖峰時再將水閘放開進行水力發電，如圖 7-11 所示。位於日月潭的明湖電廠（大觀電廠二廠）及明潭電廠即為代表，明潭電廠在 1993 年完工時為全球最大的抽蓄水力發電廠，目前是全球第九大。

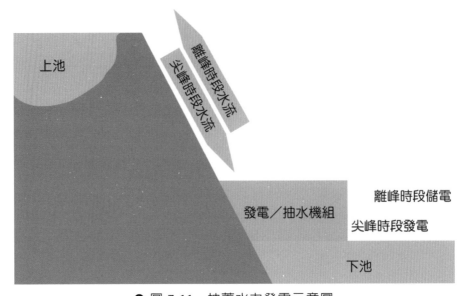

上池

離峰時段水流

尖峰時段水流

發電／抽水機組

離峰時段儲電

尖峰時段發電

下池

❷ 圖 7-11　抽蓄水力發電示意圖
（圖片來源：臺灣大學氣候變遷與永續發展研究中心，
http://ccsd.ntu.edu.tw/26032306933561122530/26）

7-5　風力發電

　　風力發電是利用風吹之空氣動力轉動風機，擷取風的動能再轉換成機電能產生電力，屬於可再生能源發電廠的一種。目前世界各國相繼將發展再生能源列為重要目標，而在此情形下，風力發電也就成為各國首選的能源發展重點。

　　風力資源的好壞對風力發電機的產量極為重要，在規劃時需考量設置區域的風性，以及地理條件是否能形成穩定且充足的風。風速越高的地區，風力發電機獲得的風能越多，相對的經濟效益越好；風向穩定少紊流的環境對風力發電機本身的磨耗較低，機組較不易受損，運轉壽命較長。慎選周遭環境，設置地點應盡量避免處於受建築物、樹木遮擋產生擾流的影響範圍內。

　　為了減少機組間紊流的影響，風力發電機設置方向應盡量與主風向垂直，機組間應彼此距離扇葉直徑的 3~6 倍，以免因遮風效應降低電能產量。且須避免設置於人口密度高的地區，以免噪音干擾居民生活。至少要離房屋約 300 公尺，其噪音即可降至 45 分貝。經統計鳥類因撞擊風力發電機而死亡之數量遠低於其他人為因素，但設置時仍要盡量避開候鳥遷移路徑，以減低對鳥類生態之影響。

　　臺灣風力發電產業始於 1980 年代初期的能源危機，政府委託工研院陸續開發小型風力發電機，但在能源危機解除後就停止研發。直到西元 2000 年，臺灣電力公司、臺塑重工和正隆公司在政府的鼓勵之下，分別在澎湖、雲林和新竹設置三個總容量共 8.64 百萬瓦特(MW)的風力發電系統。臺灣有發展風力發電之先天優勢條件。因為臺灣有明顯的東北季風吹拂與西南氣流交替，而且由於臺灣中央山脈與大陸東南的丘陵形成臺灣海峽峽管效應增強東北季風風速，使得臺灣冬季之風力資源豐富，目前風力發電為政府的重要政策之一，2017 年 8 月行政院核定「風力發電 4 年推動計畫」，目標 2025 年風力發電設置的總容量達 42 億瓦特，發電度數達到 140 億度，其中陸域風電 29 億度，離岸風電 111 億度，圖 7-12 為鄰近高美濕地的臺電臺中港風力發電站的風力機。

❷ 圖 7-12　臺中港風力發電站之風力機
（圖片來源：臺中觀光旅遊網，https://travel.taichung.gov.tw/zh-tw）

7-6 太陽能發電

　　太陽能發電是把陽光轉換成電能，可直接使用太陽能光電 (Photovoltaics, PV)，或間接使用聚光太陽能熱發電(Concentrated Solar Power, CSP)。第一次商業集中開發太陽能發電廠發生在 20 世紀 80 年代，位於美國加州莫哈韋沙漠(Mojave Desert)的太陽能發電廠安裝聚光太陽能熱發電，354 百萬瓦的太陽能發電系統，原理為利用透鏡及反射鏡集中太陽的能量來燒開水，然後以蒸氣推動發電機來發電。

　　太陽能光電，是指利用光電半導體材料的光電效應而將太陽能轉化為直流電能的設施。原理如圖 7-13 所示，將太陽光照射在太陽電池上，使太陽電池吸收太陽光能透過 p-型半導體及 n-型半導體使其產生電子（負極）及電洞（正極），同時分離電子與電洞而產生電壓降，再經由導線傳輸至負載。

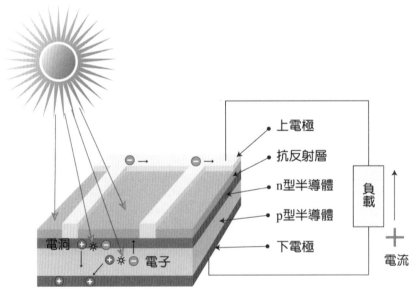

❷ 圖 7-13　太陽能光電發電原理

　　太陽能光電的核心是太陽能電池板。目前用來發電的半導體材料主要有：單晶矽、多晶矽、非晶矽及碲化鎘等。由於近年來各國都在積極推動可再生能源的應用，太陽光電產業的發展十分迅速，我國因有優異的半導體製造技術，配合政府的綠能政策，有不少民營業者投資種電，無論屋頂、空地、池塘都能與太陽能光電業者合作發電，圖 7-14 為臺電臺中電廠旁的龍井光電站，是臺電目前最大的太陽能發電裝置場所。

▶ 圖 7-14　臺電龍井光電站

（圖片來源： 臺電公司，http://tpcjournal.taipower.com.tw/article/
index/id/429）

　　近來常聽到「漁電共生」這名詞，此為結合養殖漁業及太陽光電系統，在維持養殖生產前提下，利用魚塭堤岸、引水渠道設置綠能發電設施，透過「漁電共生」，能夠提供魚塭適度遮光，避免夏季水溫過熱及冬季須架設防風布以抵禦寒流等問題。漁電共生有三種類型，分別為魚塭立柱型（圖 7-15）、魚塭塭堤型（圖 7-16）、魚塭浮筏型（圖 7-17）。

❯ 圖 7-15　魚塭立柱型設置法
（圖片來源：食力，https://www.foodnext.net/news/newsnow/paper/
5975759631）

❯ 圖 7-16　魚塭塭堤型設置法
（圖片來源：食力，https://www.foodnext.net/news/newsnow/paper/
5975759631）

❯ 圖 7-17　魚塭浮筏型設置法
（圖片來源：臺電月刊，https://tpcjournal.taipower.com.tw/article/2642）

7-7　地熱發電

　　地熱發電的基本原理乃利用地熱來加熱地下水，使其成為過熱蒸汽以推動渦輪機旋轉而發電。地熱來自於地球內部，地核散發的熱量透過地函的高溫岩漿傳達至地殼，而這種熱能就稱為「地熱能」可供開發利用之地熱一般發生在地殼破裂處，亦即板塊構造邊緣；如環太平洋地震帶、大西洋中洋脊、地中海－喜馬拉雅交界等。臺灣位於環太平洋地震帶上，因此具有發展地熱的良好先天條件。

　　宜蘭三星鄉清水地熱電廠是臺灣第一座地熱發電廠，但因為出現碳酸鈣沉澱而堵塞通路問題，1993 年關廠，如圖 7-18。臺灣地熱發電量也因此掛零，直到近年才出現轉機。宜蘭縣政府 2016 年辦理清水電廠 BOT 案，由臺灣汽電共生及結元能源開發合組的「宜元股份有限公司」得標，第一期 4.2 百萬瓦於 2021 年 11 月 23 日運轉。2017 年 4 月位於宜蘭五結的利澤地熱電廠也通過環評，規劃總裝置容量達到 101 MW，已於 2021 年底開工，預計 2025 年完工後可提供每年 8 億度電。

❷ 圖 7-18　廢棄的清水地熱電廠設施
（圖片來源：公共電視我們的島節目網站，http://ourisland.pts.org.tw/）

　　日本在 311 大地震時，東北地區九座地熱發電廠，完全沒有受損，繼續運轉發電，促使日本政府在 311 後，開放國家公園進行全面的地熱鑽探，甚至設廠。臺灣最具地熱潛能的大屯火山區，因為受限於國家公園的規定，地熱鑽探受限，但現法規鬆綁，已成立「金山硫磺子坪地熱示範區」，結元能源開發已投入開發，預計第一階段小型示範電廠 1MW 在 2023 年 6 月商轉。在日本有很多地區，地熱發電業者與溫泉業者合作，發電尾水供溫泉使用形成一個循環共生的產業，也帶動地方發展。期盼未來臺灣宜蘭縣的溫泉業也能與地熱發電結合，共創經濟。

7-8　汽電共生

　　所謂的「汽電共生系統」，係指利用燃料或處理廢棄物，同時產生有效熱能與電能之系統。這是一種工業製程的技巧，主要特性利用是發電後的廢熱用於工業製造，或是利用工業製造的廢熱發電。這種以汽電共生方式來運用能源，除了具有提高效率外，亦達到能源最大化利用的功效。利用此系統可大幅節省能源，提高熱能、電能生產總熱效率。目前科學家已開發出許多方式，而最簡單的回收方式莫過於用廢熱加熱冷水產生蒸汽或溫水。

　　沒有汽電共生系統的工廠在需要蒸氣和電力時，通常自電力公司購買電力，而蒸汽只能自設鍋爐產汽自用。但有汽電共生的工廠鍋爐的蒸汽可發電，發完電排出的蒸汽可供製程加熱用，而多餘的電還可轉賣電力公司，對於節約能源及有效利用能源方面有很大的貢獻。

　　「先發電式汽電共生系統」又稱為「頂部循環汽電共生系統」(Topping Cycle)，鍋爐蒸氣先用於發電，發電後之餘熱，再投入某種工業製程使用，剩餘電力回賣給電力公司，如圖 7-19 所示，此種形式之汽電共生系統，較適用於一般較低溫之工業製程工廠，例如造紙廠、煉油廠、化工廠、養殖業等之使用。

　　「後發電式汽電共生系統」又稱「底部循環汽電共生系統」(Bottoming Cycle)，鍋爐蒸氣先滿足某種工業製程的熱能需求，再將排出之餘熱供發電之用，同時發的電也投入工業製程，剩餘電力回賣給電力公司，如圖 7-20 所示，此種型式汽電共生系統較適用於需要較高溫的工業製程工廠，例如玻璃製造廠、水泥廠、冶金工廠等之使用。

　　由於傳統發電機效率只有 30%左右，以先發電式汽電共生系統來說，高達 70%燃料能量被轉化成無用的熱，汽電共生能再利用 30~50%的熱能於工業，使燃料達到 80%效率。而後發電系統用的本來就是各種工業機具的廢熱，等於所發的電都是白賺的。

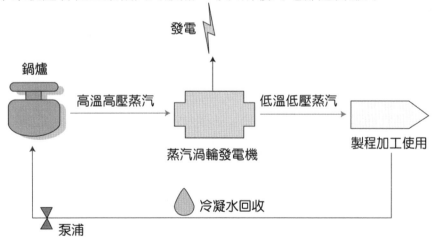

● 圖 7-19　先發電式汽電共生系統

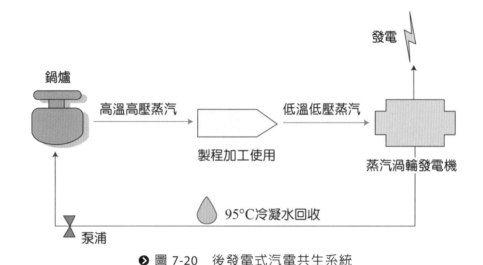

❷ 圖 7-20　後發電式汽電共生系統

7-9　生質能源

　　由於大量使用石化燃料而產生二氧化碳等會造成溫室效應的氣體排放遽增，引起全球暖化現象，使得熱汙染問題廣受重視，於是如何尋求新且潔淨的生質能(Biomass Energy)以供未來使用，乃成為一個重要的議題。根據國際能源總署的統計，目前生質能是全球第四大能源，僅次於石油、煤及天然氣。

　　生質能是指利用生物產生的有機物質，經過轉換所獲得的能源，其特色是幾乎不會汙染環境，是一種乾淨的能源，只因成本問題，目前無法全面取代原來的石化燃料。目前被轉換產生的生質能源有酒精、柴油及生物然氣，分述如下：

一、生物酒精

　　是利用玉米、甘蔗及馬鈴薯等含澱粉的作物，先將澱粉發酵，進而提煉出酒精，再轉為燃料或燃料添加物使用，可降低車輛對於

汽油的依賴。南美洲的巴西是世界著名的甘蔗產區，充分利用甘蔗提煉酒精，且與汽油依一定比例配成酒精汽油，目前巴西許多車輛均使用酒精汽油，過去被列為汙染黑名單的聖保羅市，現已大大改善其空氣品質。

二、生物柴油

是用未加工過的或者使用過的植物油以及動物脂肪透過不同的化學反應製備出來的一種被認為是環保的生質燃料，這種生物燃料可以像柴油一樣使用。但植物油含有飽和度不同的物質而會使柴油發動機上的潤滑油發生聚合。而且植物油和柴油分子結構不同，這也可能造成霧化不良、燃燒不完全、噴嘴堵塞等問題，因此只能短期使用。

三、生物燃氣

泛指包括糞便、汙水、都市固體廢物及其他生物可降解的有機物質，在缺氧的環境下，經發酵或者無氧消化過程所產生的氣體，這些氣體通常包含甲烷，可直接燃燒產生熱能，或當作發電機的燃料來發電。

7-10 　燃料電池

燃料電池(Fuel Cell)，是一種發電裝置，但不像一般非充電電池一樣用完就丟棄，也不像充電電池一樣，用完須繼續充電，燃料電池正如其名，是繼續添加燃料以維持其電力，所需的燃料是以「氫」為代表，因此被歸類為新能源。

氫氣由燃料電池的陽極進入，氧氣（或空氣）則由陰極進入燃料電池。經由催化劑的作用，使得陽極的氫原子分解成兩個氫質子

(Proton)與兩個電子(Electron)，其中質子被氧「吸引」到薄膜的另一邊，電子則經由外電路形成電流後，到達陰極。氫質子、氧及電子，發生反應形成水分子，因此水可說是燃料電池唯一的排放物。其原理如圖 7-21 所示。

氫燃料電池的優點包含：零汙染、高效率、無噪音、用途廣等，而氫氣來源廣泛，藻類在代謝過程中會排放出氫氣，或由石化能源轉換製造。

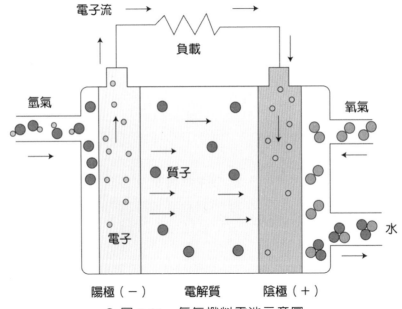

❹ 圖 7-21　氫氣燃料電池示意圖

7-11　固態電池

　　電池是將「預先儲存」起來的能量轉化為可供外用電能的裝置，並非發電裝置。電池的結構為正極、電解液與負極，圖 7-22 中右側的電極為正極（陰極），左側的電極為負極（陽極），其中電池定義陰陽極時以放電為準。電池在放電時，陽離子由負極（陽極）經由電解液往正極（陰極）移動，電子也由負極（陽極）經由外部電路往正極（陰極）移動。以電路來說，燈泡代表電阻，電池代表電容，如果電路中沒有電阻，就會造成短路。電池內部也有電阻稱為內電阻，電池內電阻的大小也會影響電池的效率。

　　電池發展至今分為一次電池與二次電池，一次電池組裝完成時即為充滿電的狀態，其使用後不能充電而必須丟棄。相較於一次電池，二次電池可以重複充放電，並有良好的充電可逆性，二次電池有非常多的種類，最常使用的二次電池為常用於 3C 產品的鋰離子電池。

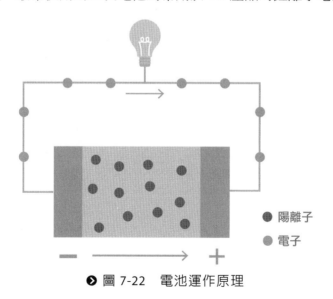

● 陽離子
● 電子

❷ 圖 7-22　電池運作原理

　　鋰離子電池就是使用鋰離子金屬氧化物（$LiCoO_2$ 或 $LiMnO_2$）等做為正極（陰極）材料，負極（陽極）則採用碳材料（如石

墨），而電解液則為液態鋰鹽有機溶劑，其中有隔離膜隔開陰陽極，圖 7-23 為其示意圖。鋰離子電池屬二次電池，其可重複充放電。因電池定義陰陽極時以放電為準。故放電的時候，電子從負極（陽極）經由外部電路回歸至正極（陰極），鋰離子離開負極（陽極）經由液態電解液回到正極（陰極）。充電的時候則循相反之路徑，電子由充電器外接至負極（陽極）的碳材料，同時鋰離子離開正極（陰極）經電解液進入到負極（陽極）。

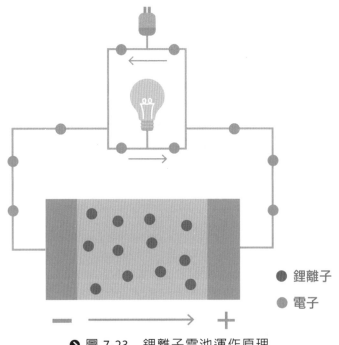

● 鋰離子

● 電子

❯ 圖 7-23 鋰離子電池運作原理

　　1991 年，第一顆商用型鋰離子電池由索尼(Sony)公司發表，其正負極分別由鈷酸鋰與石墨組成，而電解液則為液態鋰鹽有機溶劑。當時鋰離子電池能量密度小於每公斤 100 瓦小時(Wh/Kg)。目前同樣大小之電池能量密度可達每公斤 200 瓦小時。鋰離子電池相比於傳統鉛酸電池，雖能量密度更高且更輕便，然而仍有下列幾項缺點：

（一）能量密度不夠高

鋰離子電池已能廣泛運用於手機、照相機、行動電源等多項電子產品中，然而其能量密度仍遠不足以應用於電動車用電池中。

（二）成本高昂

鋰離子電池陰極大多含有鈷金屬，價格相較於它種金屬來得高且變動大。

（三）液態電解質危險性

電解液熱穩定性差，容易產生漏液汙染與易燃等問題，三星公司發表的 Samsung Galaxy Note 7 之所以會爆炸就是因為其造成正負極接觸短路爆炸，而液態電解質與隔離膜無法阻擋正負極接觸。故科學家希望能夠解決液態鋰離子電池所遭遇的問題，最為重要的是安全性提升，因此提出了全固態式鋰離子電池的想法。

全固態鋰離子電池的組裝為正極、固態電解質、負極。其電解質因使用固態電解質（無隔離膜）所以沒有漏液汙染、易燃爆炸等問題，更因電解質為固態，電池不會因為隔離層破損就導致正負極接觸短路爆炸。且固態電解質能量密度高。與相同體積的液態鋰離子電池相比，可以有更高的充放電容量。其充放電原理與液態鋰離子電池相同，放電的時候，電子從負極（陽極）經由外部電路回歸至正極（陰極），鋰離子離開負極（陽極）經由電解質回到正極（陰極）。充電的時候則循相反之路徑，電子由充電器外接至負極（陽極），同時鋰離子離開正極（陰極）經電解液進入到負極（陽極）。目前因為固態電解質的電化學穩定性不高，仍未大量量產。

目前科學家於固態電解質領域的研究以鈣鈦礦(Perovskite)、鈉超離子導體(Nasicon)與石榴石(Garnet)型電解質為主，這三種電解質皆為氧化物電解質，氧化物電解質電化學穩定度高，最有可能成為未來固態鋰離子電池的電解質。

習　題

一、選擇題

(　　) 1. 目前我國的電力來源主要是採用哪一種發電？　(A)火力
(B)核能　(C)風力　(D)水力。

(　　) 2. 核能發電是利用哪一種次原子粒子撞擊鈾原子核來產生
連鎖反應？　(A)質子　(B)中子　(C)電子　(D)夸克。

(　　) 3. 臺電公司第四核能發電廠位於哪一個行政區？　(A)新北
市金山區　(B)新北市萬里區　(C)新北市貢寮區　(D)屏東
縣恆春鎮。

(　　) 4. 臺灣最大的火力發電廠是哪一座電廠？　(A)深澳電廠
(B)臺中電廠　(C)通霄電廠　(D)興達電廠。

(　　) 5. 太陽能發電的原理為何？　(A)光合作用　(B)光的反射
(C)光的繞射　(D)光電效應。

(　　) 6. 清水地熱電廠是臺灣第一座地熱發電廠，請問其所在位
置為哪一行政區？　(A)臺北市北投區　(B)新北市金山區
(C)宜蘭縣三星鄉　(D)宜蘭縣五結鄉。

(　　) 7. 下列何地非目前國內設有風力發電的地方？　(A)澎湖
(B)臺中清水　(C)苗栗通霄　(D)宜蘭蘇澳。

(　　) 8. 為了減少風力發電機組間紊流的影響，風力發電機設置
方向應盡量與主風向垂直，機組間應彼此距離應為扇葉
直徑的幾倍？　(A)1~3　(B)3~6　(C)6~9　(D)9~12。

二、問答題

1. 為何核能及火力發電廠大多位於海邊或廣大的內陸湖泊旁？

2. 風力發電有哪些優點，又有哪些限制？

3. 說明水庫式水力發電廠的原理。

4. 請說明為何許多鋼鐵廠都裝設有汽電共生系統。

5. 臺電公司計畫重啟深澳火力發電廠，但附近有居民提出不如公投讓核四運轉也不要重啟深澳火力發電廠，你的看法為何？

參考文獻

1. 經濟部能源局主編，能源統計年報，2018。

2. 張振華、呂卦南、黃炳炘，《生活科技》第三版，新文京，
   2014。

3. 周桂田、張國暉主編，《轉給你看：開啟臺灣能源轉型》，
   秀威資訊，2018。

4. 陳維新，《綠色能源與永續發展》，高立，2015。

5. 臺灣電力股份有限公司全球資訊網，
   https://www.taipower.com.tw/tc/index.aspx。

6. 公共工程電子報，http://ws.pcc.gov.tw/epaper/。

7. 教育部能源科技人才培訓網，http://www.energyedu.tw/。

8. 工業技術研究院風力發電四年推動計畫網頁，
   http://www.twtpo.org.tw/index.aspx。

9. 科技大觀園，https://scitechvista.nat.gov.tw/c/s2EE.htm。

10. 中科簡訊，http://web.ctsp.gov.tw/temp/ctsp/。

11. 經濟部水利署北區水資源局全球資訊網，
    https://www.wranb.gov.tw/。

12. 經濟部水利署水利規劃試驗所，
    https://www.wrap.gov.tw/。

13. 公共電視我們的島節目網站，http://ourisland.pts.org.tw/。

14. 食力，https://www.foodnext.net/。

15. 臺電月刊，https://tpcjournal.taipower.com.tw/。

16. 科學月刊，https://www.scimonth.com.tw/archives/2165。

CHAPTER

08

科技與法律

8-1　網際網路與法律

　　「網際網路」譯自「Internet」，意思是將世界上所有的電腦，透過網路的連結和標準化的通訊協定，彼此相互通訊。簡單地說，就是將全球所有的電腦連接起來的超級大網路，因此網際網路是全世界最大的電腦系統，它提供的是一種新的、開放的資訊交流與溝通模式。網際網路上傳輸的資訊在數秒內就可繞行地球一周，如此快速的傳輸速度，真正實現了「天涯若比鄰」的理想。網際網路因具備豐富及便利的特性，故深植在我們日常生活之中，但也衍生出許多其他的問題，例如：以電腦為犯罪之工具，此種犯罪的行為應受到民法與刑法的約束與制裁。網路犯罪的類型包含：

1. **網路色情**：散布或販賣猥褻圖片的色情網站、在網路上媒介色情交易，散布性交易訊息。

2. **線上遊戲衍生犯罪**：網路竊盜（竊取遊戲帳號、虛擬寶物、裝備、貨幣等）、詐欺（以詐術騙取玩家遊戲裝備）、強盜、恐嚇、賭博等問題。

3. **網路誹謗**：例如散播衛生棉長蟲，造成該品牌衛生棉的銷售量明顯下滑；誹謗老師、校長、同學；冒用他人名義徵求性伴侶及將名人照片移花接木等。

4. **侵害著作權**：在網路上販售大補帖、張貼、散布他人著作、下載他人著作並燒錄散布等。

5. **網路上販賣毒品、禁藥**：以「新的 FM2 藥丸，可快速睡著」為主題，在網路上刊登販賣訊息。

6. **網路煽惑他人犯罪**：在網站登載販賣槍枝的資訊、網路上教製炸彈等。

7. **網路詐欺**：利用網路購物騙取帳號，或以便宜廉售家電騙取價款。例如：歹徒在網路上刊出非常低廉的商品誘使民眾匯款，再以劣品充數，交易完成後即避不見面。

8. **網路恐嚇**：寄發電子恐嚇郵件。例如：在社群網站上發表「要在特定公眾處所或特定集會場合放置炸彈」的文字。

9. **網路駭客**：侵入或攻擊網站，刪除、變更或竊取相關資料。

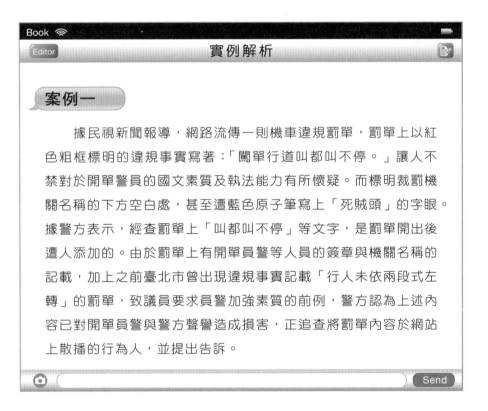

Book 📶

Editor　　　　　　　　　　**實例解析**

案例一

　　據民視新聞報導，網路流傳一則機車違規罰單，罰單上以紅色粗框標明的違規事實寫著：「闖單行道叫都叫不停。」讓人不禁對於開單警員的國文素質及執法能力有所懷疑。而標明裁罰機關名稱的下方空白處，甚至遭藍色原子筆寫上「死賊頭」的字眼。據警方表示，經查罰單上「叫都叫不停」等文字，是罰單開出後遭人添加的。由於罰單上有開單員警等人員的簽章與機關名稱的記載，加上之前臺北市曾出現違規事實記載「行人未依兩段式左轉」的罰單，致議員要求員警加強素質的前例，警方認為上述內容已對開單員警與警方聲譽造成損害，正追查將罰單內容於網站上散播的行為人，並提出告訴。

Send

案例二

　　據華視新聞報導，彰化縣一名新婚的國中男教師，婚前和太太拍攝了半裸上身的婚紗照，男生雙手遮住女生的重點部位，看起來相當恩愛。之後這對新人將照片製作成光碟送給各親友，不料日前這些照片卻以「另類喜帖」為名，在網路上廣為流傳，以致該教師在遭學生嘲笑後，憤而報警。當事人事後接受記者採訪時表示，現在只想知道是誰未經同意，任意在網路上張貼他的照片，害他現在在學生面前很不好意思，甚至成為學生閒聊嘲笑的對象。

案例三

　　今天是中部某大學這學期開始上課的第一天，同學們結束了將近三個月的歡樂暑假，返回學校準備開始這學期的課程。周美麗與許小倩是心理系二年級的同班同學，也是學校宿舍同寢室的室友，她們很高興該校早在幾年前就完成了「e-campus」網路系統，使得她們在暑假期間，便可以利用該網路系統的學生選課功能，上網完成選課並列印選課清單，各自完成了這學期的選課作業，不必在註冊當天一大早排隊人工選課。

　　周美麗早上起床第一件事，便是打開校園網路上她個人的電子郵件信箱，赫然發現一封標題名為「成功入侵！再見了！」的電子郵件，該電子郵件並沒有任何內容或署名，周美麗正感到不解，室友許小倩發現她也收到這封相同的電子郵件，結果該校全體師生當天都收到這封相同的電子郵件。

　　學校向警方報案，經警方調查結果發現一名叫做胡小德的該校退學生涉有重嫌，胡小德上學期因二分之一學分不及格而遭退學，胡立德不但未自我反省，反而懷恨在心，由於其在校期間曾經在該校教務處打工，得知該校學生網路選課系統中存在的漏洞，因此，在這學期學校開學的前一天深夜，他利用網咖中的電腦上網，侵入該校學生網路選課系統，以便加以報復，但是他只是瀏覽了以往同班同學們的選課清單，並未加以任何破壞。即使如此，胡小德的行為依舊對全校師生造成了極大的困擾與恐慌。

Send

8-2　電信科技與法律

　　電信科技日新月異，通訊無遠弗屆，提供通訊之便利，拉近人與人之距離，利用電信犯罪亦隨之而起，衍生偵辦刑案上之瓶頸，與電信犯罪相關案例列舉如下：

1. 利用網路電話轉接，使來源追查困難。

2. 利用行動電話簡訊或通訊軟體詐欺：歹徒利用電腦傳送「中轎車」、「中大獎」之手機簡訊，使手機簡訊接收者誤以為中獎，該詐騙集團即要求民眾必須先提供稅金，以保有中獎之禮品，騙取民眾之錢財。近年智慧型手機普及，帶動相關通訊軟體如 Line 等的風行，詐騙集團會盜取帳號，向該帳號通訊錄裡面的親友要求代墊費用購買遊戲點數，或向親友索取電話號碼及個資，要求代收由接收方付費的高額收費簡訊（圖 8-1），甚或要求親友代為撥打某個號碼，撥打後卻淪為網拍假賣家的替死鬼

等（如為電腦及手機皆可使用的機制，則兩方皆可能成為詐騙管道）。

3. 歹徒設法先行得知消費者信用卡內碼後，再偽造與變造該信用卡，大肆消費。

❷ 圖 8-1　Line 詐騙對話

有鑑於近來電話詐欺、騷擾與恐嚇事件頻傳，為使犯罪者不再受到電信法祕密條款的保護，2013 年新電信法修正，用戶可查閱本人的通聯紀錄；2016 年 11 月 30 日立法院修正公布之《刑法》第 339-4 條第 1 項第 3 款：「犯第 339 條詐欺罪而有以廣播電視、

電子通訊、網際網路或其他媒體等傳播工具，對公眾散布而犯之情形者，處 1 年以上 7 年以下有期徒刑，得併科 100 萬元以下罰金。」臺灣在全面完成 ATM 磁條卡升級至晶片卡後，將認證資料儲存於晶片中，以有效發揮防偽功能，遏阻信用卡被偽冒情形持續惡化。隸屬警政署、專管科技犯罪之「科技犯罪防制中心」，於 2006 年 4 月由內政部長李逸洋揭牌正式運作後，持續緊跟科技演進腳步用於打擊犯罪上，更把重點放在「電腦鑑識」以及發展尖端通訊跟監科技，讓警察偵查犯罪層面更為全面。

8-3　生物科技與法律

1997 年英國著名的科學期刊《Nature》，刊登一隻名叫桃莉(Dolly)的綿羊照片，桃莉的外表和一般在鄉間山坡上低頭吃草的綿羊沒什麼兩樣，但牠其實是一隻很特殊的羊—複製羊（圖 8-2）。

複製羊的成功，是科學界的一大突破，更意味著人類掌握生命、創造生命的能力又向前邁進一步。迄今，利用與桃莉羊相似的技術，不同種類的複製動物陸續被成功製造出來。長久以來，人類享受科學進步所帶來的好處，但同時也深受科學進步所帶來的威脅，例如炸藥的發明，因人類的濫用，改變了傳統的戰爭型態，殺傷力更甚於前，核能的應用亦復如此。尤其現今複製動物的出現，許多倫理學者與宗教家擔心未來若應用在人類上，將面臨嚴重的倫理道德問題，也因此，美國前柯林頓政府公開宣示禁止所有有關複製人的實驗，其他各大工業國也紛紛響應。一時之間，「複製」成了過街老鼠、人人喊打，反映出科技進步的速度遠超過我們的想像，人們還沒有心理準備去接受這項科技上的突破。

▶ 圖 8-2　桃莉（2003 年 2 月 14 日已安樂死）

　　撇開「複製人」所引發的倫理道德爭議，複製技術如果能與其他的基因複製技術相結合，其實能解決許多生物醫學方面的問題，例如：1999 年約旦國王胡笙，就是因罹患血癌而去世，雖然進行骨髓移植，但仍逃不過死神的召喚。所以，若是能培養自己的骨髓來進行骨髓移植，不但安全性高且省時省力。

　　不孕婦女進行試管嬰兒的療程時，必須使用促進排卵的藥物，使婦女產生大量的卵子，盡可能製造出最多的胚胎，以增加婦女懷孕的機會，對於高齡的不孕婦女，本身經藥物刺激後僅得到少量的卵子以供受精之用，如果應用複製的技術，就可以得到更多的胚胎以供植入，甚至多餘的胚胎還可以冷凍起來，留待以後使用。

　　另一個用途是複製優良品種的家畜，一頭高乳產量的乳牛，應用複製技術可以製造出一群具有高乳產量的乳牛，大大地縮短培育優良品種的時間。南韓科學家目前已經成功複製人類胚胎細胞，並用以培育幹細胞，未來將對治療糖尿病、巴金森氏症有很大的幫助。但國際間對於人體胚胎複製的倫理問題仍有很大的道德爭議，南韓科學家強調他們的胚胎複製技術將僅用於醫療用途，不會進行人體複製研究。

生物科技發展至今，目的都是提高人類的生命品質，如果說複製技術的研究，可以讓我們更進一步瞭解生命現象，也許可以進一步提升人類的醫療品質。再說科技進步的腳步太快，法律的制定只能對已存在的技術加以規範，對於新的科技突破，根本無法限制。其實任何科技發展的本質並無好壞，問題在於人類對於科技如何的應用，而唯一能引導科技的發展走向正途的，是存在於人類內心的道德制約。

8-4　智慧財產權

由人類的智慧活動而產生出來的成果，叫做智慧財產。占有和支配智慧財產的法律地位，就叫做智慧財產權，是一種為人類心智發展所產生的成果。透過法律賦予發明人的「排他性」權利稱為智慧財產權(Intellectual Property Right)，簡稱 IPR。

為了保障國人運用智慧從事創作活動所得到的結晶，政府特別立法加以保護智慧財產權。智慧財產權法包括專利權制度、商標權制度與著作權制度，以下我們針對三種制度進行說明：

一、專利權(Patent)制度

申請專利的目的在於鼓勵創作發明，亦能讓自己辛苦研發之成果受到法律的保護（排他權），防範他人先將自己研發之成果申請專利後反倒控訴自己侵害他人專利權利（保護自己）。

中華民國現行《專利法》係於 2022 年 5 月 4 日修正公布全文，2022 年 7 月 1 日開始施行，物品專利權人專有排除他人未經其同意而製造、使用、販賣或為上述目的而進口該方法直接製成物

品之物。基於該法律精神，目前我國專利法已採世界潮流，為一種「排他權」，因此，專利權人實施其專利權時，仍會有侵害他人專利權問題，不應忽視。故發明一件有產業利用性，且新穎又進步的產品，要趕快到經濟部智慧財產局申請專利，如果沒有提出申請，反而被別人搶先在市面上販售，就喪失發明人的心血。「產業利用性」、「新穎性」及「進步性」稱為「專利三要件」。

　　例如：我們為了要把散落一疊的文件綁在一起而不損及文件，最好、最簡單的文具夾是什麼？就是小小的「迴紋針」，你猜到了嗎？可不要小看這小小的「迴紋針」喔，它是有專利的。過去人們為了把紙頁固定在一起，會用針或打孔穿線把紙頁綁在一起。為了不損及紙張，有一個叫做約翰瓦勒的挪威人運用智慧發明了「迴紋針」，並在 1899 年向德國申請專利取得專利權，不僅解決了問題，也為挪威人帶來了榮譽與商機。

　　所以，當我們發明或創造出一種新的物品或方法，而且，這種物品或方法的技術，是可以重複的製造生產，提供產業上的利用時；向經濟部智慧財產局申請，經過審查認為符合專利法規定，就會通知申請人繳費領取專利證書，獨享專利權，別人如果沒有經過專利權人的同意，就不可以生產製造、買賣、使用或進口，這個權利就是專利。

　　目前我國專利權分為發明、新型與設計三種。各國專利都有規定專利保護年限，一旦某專利保護年限屆滿，任何人就可自由運用該項專利之技術，不必再受專利權人之約束。發明專利權期限自申請日起算 20 年屆滿，新型專利權期限自申請日起算 10 年屆滿，設計專利權期限自申請日起算 15 年屆滿。以下分別介紹發明、新型、設計三種專利權：

（一）發明專利權

利用自然法則技術思想之高度創作，稱為發明。例如：先人利用力的轉動作用，發明了陀螺這種玩具，現代人又利用了老祖宗的發明加以改良，增加了重力輪盤、旋轉齒輪並發明了戰鬥陀螺，那這個戰鬥陀螺的製造方法，就可以申請「發明專利」。又如：日常生活中常見的螺絲、殺蟲劑與藥品製造的方法等都是發明專利。

（二）新型專利權

利用自然法責之技術思想，對物品之形狀、構造或組合之創作稱為新型。例如：人們能把戰鬥陀螺，在它的形狀、構造或者裝置上加以改良一下，再創造出更新鮮、更多好玩的功能，如：會發光、會發聲、有磁性的戰鬥陀螺，就是新型專利的一種。

（三）設計專利權

對物品之全部或部分形狀、花紋、色彩或其結合，透過視覺訴求之創作，稱為設計。例如：戰鬥陀螺的外型，可以設計為哈雷彗星的造型；也可以運用不同的色彩、花紋來設計，都可申請設計專利來保護。

二、商標權(Trademark Right)制度

大家有沒有幫家人到 7-11 或全家便利商店買過報紙？便利商店報紙這麼多種，你怎麼辨認家人要你買的報紙？報紙的右上角不是都有紅紅大大的字，寫著蘋果日報、聯合報與自由時報等？這就對了，這些名稱可以讓你辨認你想要買的報紙，它就是「商標」。

還有，當你到高雄旅遊，很想念在臺北常吃的麥當勞漢堡，只要沿街尋找黃色的「Ｍ」標誌，就可以買到與臺北相同口味的麥當勞漢堡了，而這個「Ｍ」標誌也是商標。

　　同樣地，你在日常生活花錢去買吃的、穿的、用的或玩的等商品，或到某地方玩，如果你很喜歡，下次你就還會想去買這些商品或去這個地方。而能讓你記住這些商品及地方，並且分辨和別人有什麼不一樣的一些名稱或特徵，就是「商標」。

　　商標是辨別商品或服務來源的標識，也是企業透過宣傳廣告，花時間、心血建立品牌形象的智慧財產權，支持購買真品，才能鼓勵廠商不斷創作新的產品。商標具有商品來源之識別功能、品質保證的功能與廣告功能。商標專用期間 10 年，自註冊之日起算，商標專用期間應於期滿前 1 年內申請延展，每次延展以 10 年為限。商標係採屬地主義，例如：美美打算要到美國開分店，那她也需要在當地申請商標才能受保護。

三、著作權(Copyright)制度

　　透過網路平臺的虛擬空間，我們可以坐在家中與世界各地的朋友聊天，或在網路商店購買衣服、電腦與書籍，甚至可以欣賞一齣電影。由於數位資料的複製相當容易，網路的使用者常誤把網路的「資源共享」意義過度擴大，因而忽視了智慧財產權的問題，諸如下載未經授權的音樂或電影、使用盜版的軟體或是未經同意將資料刊登在網路上，這些行為很明顯的違反著作權法。

　　因著作財產權存續期間是著作人的生存期間加上其死後 50 年，在著作財產權存續期間任意改作他人的著作，會侵害著作財產權人的「改作權」。故當著作人死亡後，我們也不可以隨意改寫他的著作。

　　著作權法所稱的「著作」，指屬於文學、科學、藝術或其他學術範圍的創作，共分為十類：

1. **語文著作**：包括詩、詞、散文、小說、劇本、學術論述、演講與其他之語文著作。演講內容是語文著作，同學要錄音前要先徵求演講人同意。

2. **音樂著作**：包括曲譜、歌詞與其他之音樂著作。

3. **戲劇、舞蹈著作**：包括舞蹈、默劇、歌劇、話劇與其他之戲劇、舞蹈著作。

4. **美術著作**：包括繪畫、版畫、漫畫、連環圖（卡通）、素描、書法、字型繪畫、雕塑、美術工藝品與其他之美術著作。

5. **攝影著作**：包括照片、幻燈片與其他以攝影之製作方法所創作之著作。

6. **圖形著作**：包括地圖、圖表、科技或工程設計圖與其他之圖形著作。

7. **視聽著作**：包括電影、錄影、碟影、電腦螢幕上顯示之影像與其他藉機械或設備表現系列影像，不論有無附隨聲音而能附著於任何媒介物上之著作。

8. **錄音著作**：包括任何藉機械或設備表現系列聲音而能附著於任何媒介物上之著作。但附隨於視聽著作之聲音不屬之。

9. **建築著作**：包括建築設計圖、建築模型、建築物與其他之建築著作。

10. **電腦程式著作**：包括直接或間接使電腦產生一定結果為目的所組成指令組合之著作。

相信一般社會大眾都明瞭，著作權法是用來保護著作權人精神上的創作的，除此之外，著作權法還有一個立法目的，就是促進人類文化的發展。為了避免過度保護著作權人，而阻礙了文化的進步，所以，著作權法特別規定了著作財產權受保護的期間，使著作在法律所定的期間屆滿後，就不再受著作權法保護，人人都可以利用。由於著作種類的不同，作者所投入的心血在程度上的差異，及顧慮到整個社會的文化經濟發展等因素，因此，著作權法針對不同的情況，對著作財產權規定了不同的保護期間：

1. 如果著作人是一般人，著作財產權的保護期間一直存續到著作人死亡以後 50 年。共同著作之著作財產權存續至最後死亡之著作人死亡後 50 年。

2. 如果著作人是法人，例如公司、財團法人或社團法人，則著作財產權的保護期間原則上是從著作完成到著作公開發表以後的 50 年。

3. 假如著作在完成後 50 年內，沒有公開發表的話，保護期間則到著作完成以後的 50 年。若著作於著作人死後 40 至 50 年間才首次公開發表，其著作財產權之期間，自公開發表時起存續 10 年。

4. 如果是攝影、視聽、錄音及表演，因為這些著作有些必須利用既有的設備或著作，作者投入的心力相對來說比較少，同時也牽涉到整個文化經濟發展的問題，不適合給予過長時間的保護。

因此，這四類著作的著作財產權保護期間一般是存續到著作公開發表以後的 50 年，假如著作在完成後 50 年內，未曾公開發表的話，保護期間則存續到著作完成後 50 年。若著作於著作人死後 40 至 50 年間才首次公開發表，其著作財產權之期間，自公開發表時起存續 10 年。

Book 🛜

案例一

　　沈老師是一位教學經驗豐富的國中英語老師,她為了引起學生的學習興趣,每學期都會從家中所購買的流行歌曲錄音帶中,轉錄一兩首英語歌曲到課堂上讓學生欣賞及學習正確的英語發音。沈老師這樣的轉錄行為,事先並沒有向發行錄音帶的唱片公司取得授權,請問,這樣會不會侵害到其錄音著作的重製權?

✎ 解析一

　　沈老師為了教學的需要,而重製他人錄音著作內少部分內容之舉,原則上已經符合了《著作權法》第 46 條第一項之規定(第 46 條第一項:「依法設立之各級學校及其擔任教學之人,為學校授課需要,在合理範圍內,得重製他人已公開發表之著作。」)。此外,由於沈老師的利用行為是為了非營利的教育目的,而且利用的質量以及其利用原著作的比例甚低,再加上其利用結果對於發行著作的唱片公司之市場沒什麼影響;因此,就算沈老師沒有事先得到唱片公司的授權,也因符合合理使用原則,而不致侵害其錄音著作之重製權。

案例二

　　俊青就讀於某學校,由於非常喜愛聽流行歌曲,於是向唱片行購買了一片快樂唱片公司最近製作發行的某著名歌手的音樂光碟。由於深怕該原版音樂光碟因使用不慎而造成磨損,俊青便利用燒錄機,將該音樂光碟中的所有歌曲,在另外一片光碟上重新複製一份,以便加以保存,供自己往後使用家用音響,在家中欣賞該音樂光碟中的歌曲。

由於俊青另外還有一個 MP3 數位隨身聽，他便利用電腦軟體程式，將該音樂光碟中的所有歌曲，轉檔成為 MP3 的檔案格式，然後儲存在該 MP3 數位隨身聽中，以方便自己在戶外活動時，仍然可以隨時隨地聽到喜歡的音樂。

俊青得知班上其他同學也想要買上述這片音樂光碟，俊青基於「好東西要和好朋友分享」的心情，於是就很熱心地使用自己個人電腦中的燒錄機，將該音樂光碟重製了三份，分送給三人，每人一份。

✎ 解析二

俊青花費金錢向唱片行，購買了一片音樂光碟，根據他與唱片行之間的買賣契約關係，俊青所取得的權利，是該特定音樂光碟片（亦即「著作物」）的「所有權」，而非該音樂光碟片內容歌曲（亦即「著作」）的「著作權」。

俊青為供自己欣賞，將該音樂光碟中的歌曲「燒錄」在另一片光碟片上，或是「轉檔」成為 MP3 的檔案格式「儲存」在 MP3 數位隨身聽中，這種供個人為非營利目的的重製行為，只要是使用自己的電腦設備，而且重製的質量與比例是在合理的範圍內，對該錄音著作的潛在市場與現在價值，不會造成快樂唱片公司不利的影響。

俊青為了贈送同學，又將該音樂光碟重製了三份，俊青的重製行為，雖然不是為了營利的目的，但其重製行為並非供其個人或家庭之使用，而且參照其所重製之質量及其在整個著作所占之比例，其重製結果將對該音樂光碟的潛在市場與現在價值，對唱片公司造成不利之影響，故俊青為了分贈同學而「重製」三份的行為，並不符合重製行為的「合理使用」，因此侵害唱片公司的重製權。

音樂光碟片所有權人為供自己欣賞，可以將該音樂光碟中的歌曲「燒錄」在另一片光碟片上，或是「轉檔」成為 MP3 的檔案格式「儲存」在 MP3 數位隨身聽中，這種供個人為非營利目的的重製行為，只要是使用自己的電腦設備，而且重製的質量與比例是在合理的範圍內，對該音樂光碟的潛在市場與現在價值，不會造成製作該音樂光碟的唱片公司不利的影響，所有權人可以主張其上述的重製行為，屬於重製行為的「合理使用」。但是如果是為了分贈友人而「重製」音樂光碟的行為，便不符合重製行為的「合理使用」。

案例三

阿 Q 的爸爸生前是個暢銷的漫畫家，讓阿 Q 十分引以為傲，有一天阿 Q 在他最喜歡的論壇中瀏覽文章，赫然發現爸爸的漫畫竟然被人刊登在論壇上，不過作者卻是個陌生人，難道只因為爸爸不在了，爸爸的作品就可以這樣被任意刊登及變更嗎？

解析三

一般來說，著作財產權的保護期間是著作人終生加上死後 50 年（第 50 年當年的最後一天），因此阿 Q 的爸爸才剛過世，其著作財產權仍在存續中而由繼承人享有，其他人無法任意竄改內容及作者姓名，甚至任意公開散布。

如果阿 Q 爸爸的漫畫生前沒有發表，是在他過世後才發表，則著作財產權保護期間仍是到死亡後 50 年；但是若是死亡後 40 至 50 年間才第一次公開發表，著作財產權保護期間則由第一次公開發表後起為期 10 年。

　　另外，若阿 Q 爸爸是受僱或受聘完成漫畫時，並約定著作人為所屬公司，此漫畫就是屬於公司所有的著作，著作財產權保護期間為公開發表後 50 年；但如果創作並未在創作完成時起算 50 年內公開發表的話，著作財產權保護期則由創作完成時起算 50 年。

　　比較特殊的是攝影、視聽、錄音和表演的著作財產權保護期間為公開發表後 50 年，由於這些創作通常必須利用一些既有的設備、著作或民俗創作，作者投入的心力相對較少，故不適合給予長時間的保護。

案例四

　　洪文補習班將歷屆律師高考的考古題收集且集結成冊，並加上答案後印刷販賣，試問洪文之行為有無侵害著作權？若所收集編印考試題為托福之考古題，則答案有無不同？

解析四

　　《著作權法》第 9 條第 1 項第 5 款規定，依法令舉行之各類考試試題及其備用試題不得為著作權之標的。案例中洪文補習班所收集之律師考試試題，由於律師高考為依法令舉行之考試，因此其試題不受著作權法保護，所以洪文之印刷販賣行為並不構成侵害著作權。

　　但若所收集者為托福試題，由於托福考試並非依法令舉行之考試，因此，洪文若將托福考試試題收集印刷，則構成侵害著作權。

案例五

　　小八正和同學們七嘴八舌地聊著天，提到這個週末上檔的電影，小八興奮地邀大家一起去看，「走吧！這部電影有我最喜歡的演員呢，我們一起去電影院看吧！」就在同學們興高采烈地討論看電影時間的時候，同學冬冬很不以為然地說：「我早就看過了，不怎麼好看…」大家湊上前去，好奇地問冬冬為什麼電影都還沒上檔，就搶先看完了呢？原來冬冬家裡的電腦安裝了 P2P 傳輸軟體，可以自由地下載電影、音樂，不用付費就能觀賞、收聽最新的電影和音樂專輯，像是 BT、E-Mule、Foxy…等等都是常見的傳輸軟體。大家聽了都心動不已，連忙問冬冬安裝 P2P 傳輸軟體的方法。

✎ **解析五**

　　P2P 傳輸軟體雖然可以用來資訊分享，十分方便，但是未經授權，利用這些傳輸軟體下載各類電腦程式、電影、音樂，且將電腦內的檔案分享給其他的使用者，既違反「重製權」，也侵害了「公開傳輸權」，不但不尊重著作權人，也可能會因此吃上官司，千萬不要輕易嘗試。不僅侵害原作者的著作權，若著作權人提起告訴，往往必須償付一筆不小的金額，一點益處都沒有。而且，使用 P2P 軟體的傳輸互享，電腦硬碟耗損得快，病毒也常常夾帶在這些檔案中，對電腦沒有多大好處。我們應好好地支持正版，這樣才尊重原作者的創意和心血。

案例六

　　琪琪喜歡聽音樂，所以常常去唱片行買專輯來聽。最近她將 CD 架整理了一番，發現許多已經不聽的 CD，想丟掉又覺得浪費，靈機一動，決定上網拍賣，一來網路上有許多買家，再來也能賣個好價錢。

解析六

　　因為琪琪拍賣的是在唱片行買來的合法影音光碟，所以出售、送人都是行使物權的正當行為，並不違反著作權規定，而且以正當方法讓著作權人的創作在社會上流通，能增進文化與創意交流，促進社會的進步，是個物盡其用的好方法。但是由非法管道取得的 CD，例如夜市攤販、網路拍賣的盜版光碟，購買已屬不應該，若再轉售出去，更是侵害著作權人的「散布權」，是必須負擔民事和刑事責任的。因此，我們在進行網路拍賣時，應注意影音光碟之合法性，特別要注意自己所拍賣的影音光碟片到底是「合法重製物」抑或是「盜版品」，以避免違法。

案例七

　　大頭的電腦最厲害了，舉凡組裝、修理電腦，同學、朋友們總是第一個想到他，而大頭也二話不說立刻幫忙。找大頭幫忙修電腦還有個好處，那就是慷慨的大頭總是在修完電腦後，順便幫他們安裝許多方便實用的軟體，讓朋友們大呼真是賺到了。大頭的軟體大多來自同學間拷貝分享，或是從網路上下載而來，無法破解防盜拷措施的時候，再到網路上尋找安裝序號，這看似聰明，實際上卻容易違反了《著作權法》的行為，讓大頭很可能吃上官司喔。

✎ **解析七**

　　拷貝原版的軟體光碟，安裝在其他的電腦裡，會侵害著作權人的「重製權」，如果將軟體序號公布在網路上，和網友分享，這些行為則違反了著作權人的「防盜拷措施」，依法須負擔民、刑事責任。所以，雖然大頭出發點是想幫助朋友，仍須取得合法授權，以免觸犯法網喔。

Send

8-5　資訊時代所面臨之智慧財產權問題

　　資訊時代之重要特徵在於透過資訊網路之連結，可以大量且迅速地將各種不同之資訊，包括文字、圖形、影像、聲音與電腦程式等，在各地甚至在國際間互動性地傳輸。資訊網路之出現，使人與人間之傳輸媒介發生革命性之改變，不僅傳輸之資訊內容可以多樣化，而且互動式之傳輸方式取代傳統單向式之傳輸方式，提供人們更多選擇資訊之機會。

一、資訊內容與智慧財產權之保護

　　首先必須確定者為，哪些資訊受到智慧財產權之保護？哪些則不受到保護？不受到智慧財產權保護之資訊，除非其他法律有保護之規定，不同之權利所保護之範圍亦不相同，在受保護之範圍內，他人欲利用該資訊即會受到限制。

　　一般而言，資訊內容可能涉及之智慧財產權，主要為著作權與營業祕密。由於傳輸之資訊主要為文字、圖形、影像、聲音與電腦程式，因此絕大部分之資訊均會涉及著作權之問題，如果其符合我

國著作權法之保護要件，則會受到保護，但是有些資訊並不屬於著作權法保護之客體，例如法律、命令、公文與傳達事實之新聞報導之語文著作等，原則上可以被自由利用。

著作權與營業祕密法，資訊會受到營業祕密保護，前提是必須屬於該法所稱之營業祕密，亦即必須是方法、技術、製程、配方、程序、設計或其他可用於生產、銷售或經營之資訊，而符合下列要件者：

1. 非一般涉及該類資訊之人所知者。

2. 因其祕密性而具有實際或潛在之經濟價值者。

3. 所有人已採取合理之保密措施者。

如果資訊之所有人就上述之資訊不願公開，並採取保密措施，禁止未經同意者任意接觸該等資訊，則該等資訊即有可能成為營業祕密法保護之客體。

資訊提供者於網路上提供資訊時，首先必須注意其是否屬於受到著作權或營業祕密保護之資訊，如果係著作權法所保護之資訊，則未經權利人同意，擅自將其置於網路上之行為，原則上即會因違法重製而構成著作權之侵害。例如：在廣告文宣中利用他人的文學或藝術作品或在百貨公司、餐廳、戲院與 KTV 等營業場所播放音樂或電影，必須經過同意或授權。如果資訊為營業祕密，則未經同意擅自將其在網路上公開之行為，亦可能會構成以不正當方法洩漏營業祕密之違法行為。

二、資訊之取得與智慧財產權之關係

資訊之取得過程亦可能涉及智慧財產權之問題，未來使用電腦連接資訊網路以獲取資料之情形將非常普遍，而電腦必須將遠方之

資訊讀入 RAM 中，始能顯示於螢幕上，此一過程通常會被認為已構成著作權法上之重製行為。另外，進一步將所取得之資訊下載至磁碟機中或透過印表機列印出來，亦會涉及重製之問題。

　　上述在資訊取得過程中，將資訊載入 RAM 所涉之重製行為，原則上應不構成著作權之侵害，因為資訊提供者如果是該資訊之著作權人，或者曾經徵得著作權人之同意，而將特定之資訊置於網路上，並且對於他人透過網路連線接觸或取得該資訊並不加以限制，則應被認為其默示同意將該等資訊與不特定之人分享，或者取得資訊之人至少亦應被認為係屬合理使用之行為。但是如果資訊提供者明白表示一定之限制，例如要求必須先登錄始得接觸該資訊，或者僅容許列印資料而不容許下載至磁碟機，則他人違反或突破資訊提供者所設之限制，而擅自接觸該資訊，或以不被容許之方法取得該資訊，即有可能構成著作權之侵害。

　　值得注意的是，如果資訊提供者本身所提供之資訊即屬違法者，例如將他人受有著作權之著作，未經同意即擅自將其置於網路上供他人取用，由於資訊提供者並非真正權利人，因此上述之默示同意將該資訊與不特定人分享即無從發生，在此種情形，取得該資訊者仍可能構成著作權侵害；惟果若如此，對於資訊之流通將有甚大之妨礙，而且接觸資訊之人亦無從去查證資訊提供者是否有違法之行為，因此適當放寬對於合理使用範圍之認定，實有必要。

三、資訊之利用與智慧財產權之保護

　　取得資訊之人除認識該資訊之內容外，有時對於其所取得之資訊亦會進一步加以利用，例如使用其透過網路所取得之電腦程式、圖片、音樂或文章等。在使用之方式上，其可能僅供自己使用，亦可能提供給其他同好使用，甚至以有償之方式銷售給他人。

　　如果其所使用者為不受智慧財產權保護之資訊，則無問題，例如所取得之資訊是立法機關所通過之法律、行政機關所發布之命令與法院之判決等。反之，若資訊屬於著作權法保護之客體，則他人在利用上必須符合「合理使用」始可，否則即應得到著作權人之同意，通常如果係供自己非營利性之使用較不會有問題，但是如果作營利性之使用，例如重製後販售之，則會涉及侵害著作權之問題。此種情形較為常見者為電腦程式，在資訊網路上經常有許多電腦程式供人自由取用，這些電腦程式有些屬於「公用程式」(Public Domain)，有些則為「共享軟體」(Share Ware)，不論何者，著作權人通常僅是允許他人在一定條件下可以自由使用，並不表示其已經拋棄著作權，他人若將其下載後為營利性之使用，仍會涉及著作權之侵害問題。

　　另外，如果以不正當方法取得屬於他人營業祕密之資訊，於營業祕密法制定通過後，除取得者會構成營業祕密之侵害外，若取得者將其提供給第三人使用，而該第三人明知其為不正當取得之資訊卻仍接受之或使用之，則不論是有償或無償，該第三人亦會涉及營業祕密之侵害。

8-6　如何加強資訊時代之智慧財產權保護

　　智慧財產權之保護為現代文明國家所普遍重視者，畢竟透過對智慧財產權之尊重與保障，才能真正鼓勵創作、提升社會之文化水準，並在資訊社會中豐富資訊之內容。如果在資訊時代不重視智慧財產權之保護，則資訊化之結果將反而使資訊之內容更容易為他人所剽竊與濫用，資訊之創作者與提供者在無法得到確實保護之情形下，對於資訊之提供勢必趨於保守，其結果將使資訊化喪失真正之

意義。因此，在資訊時代強調智慧財權之保護，使資訊能在合法之基礎上順利地而正當地被流通與利用，實有其重要之意義：

一、應普及智慧財產權之教育與常識

近幾年來由於多次國際訴訟案件與政府之大力宣導，已經逐漸建立起國人對於智慧財產權之重視。雖然如此，由於過去長期不重視智慧財產權之結果，國人對於智慧財產權之觀念與常識，仍屬薄弱，因此除宣導外，更重要者為教育，在各級學校與社會上應積極推廣智慧財產權教育，使智慧財產權成為一般人之普遍常識。畢竟，在資訊化之社會中，任何人都會輕易地接觸與使用到大量資訊，因此，每個人都應該具備最基本之智慧財產權觀念與知識。

二、應積極培育智慧財產權專業人才

除一般人民之智慧財產權教育外，為因應資訊時代所產生之複雜問題，亦應加強智慧財產權專業人才之培育。除了為能有效而正確地審理或處理與資訊相關之糾紛，應積極培養對資訊與智慧財產權有所專精之法官、檢察官與律師外，政府機關與業者，特別是資訊業者，亦需要大量之智慧財產權專業人才，以協助其進行資訊相關智慧財產權之管理與規劃。

臺灣電子資訊業經過逾 20 年的發展，與國際市場接軌及互動越來越緊密，但隨著市場競爭及新產品不斷開發，國內業者與海外廠商之間發生智慧財產權侵權爭議的情況也屢見不鮮。大家都知道電子資訊產品的生命週期相當短，短則半年，長的也不過才一年半左右，因此，一旦打起侵權官司，整個司法過程走下來，即使業者最後終於勝訴，他的產品也已經沒有任何市場價值，這樣的勝訴對業者來說一點意義也沒有，這一個負面結果絕非政府主管機關所樂見。

　　由於臺灣的資訊產業在國際市場的地位，未來這類專利權的爭訟發生之機會將會越來越多，當務之急，除了主事者要趕快著手培養專業法官及檢察官提升司法審判品質外，更應關注歐美先進國家對於高科技產品的專利權訴訟制度，減少不必要的等待及浪費，讓原告業者在得到司法正義之餘，還能有空間去爭取其所剩不多的市場利潤。

　　因應全球趨勢，IPR（智慧財產權）立國是臺灣政府與民間應持續共同努力的方向，只要專利財產權的維護制度能夠穩固並深入民心，政府保護智慧財產權的政策才能落實，並對國際間宣示我國保護智財權的決心，從而更鞏固科技產業發展的基礎。

　　在現行制度下，企業提出專利申請，審查期要 10~18 個月，而先前的專利訴訟制度，光是行政救濟程序至少需時 2 年，這還不包括民事賠償與刑事訴訟等，以商品週期來看，「遲來的正義根本無濟於事」。

　　為了提升智慧財產訴訟品質，改善相關案件訴訟程序，發揮權利有效救濟機能，行政院通過「智慧財產案件審理法」，明定智慧財產之民事事件由智慧財產法院管轄，排除民事訴訟法有關簡易訴訟、小額訴訟程序之適用。司法院已於 97 年 7 月 1 日正式成立智財法院，該院法官須同時具備處理智慧財產權類之民事、刑事及行政訴訟專業能力，期望國內產官學研界能善用相關規制，以使我國在智財權維護方面更臻完善。

習 題

一、選擇題

( )1. 許多年輕人愛玩線上遊戲，請問下列的遊戲行為中，何者可能犯法？　(A)揪團打怪　(B)和網友私下交換連絡方式　(C)購買限量版的虛擬寶物，再高價賣給其他玩家　(D)遇到「看不順眼」的網友，就上留言板指名道姓辱罵他。

( )2. 下列哪一種行為沒有違反著作權法的疑慮？　(A)拷貝別人發表的笑話，轉寄給親朋好友看　(B)用國外歌手的音樂作為部落格背景音樂　(C)租一片電影 DVD，放映給全班觀賞　(D)下載試用版軟體，安裝在電腦中。

( )3. 下列哪一項行為，不屬於「網路犯罪」？　(A)散布特洛伊木馬程式　(B)竊取同學的筆記型電腦　(C)用 E-Mail 恐嚇他人　(D)透過網路詐騙他人錢財。

( )4. 杰倫發明了一種自動餵動物吃飯的機器，請問要向哪個機關申請專利權？　(A)財政部國稅局　(B)經濟部智慧財產局　(C)行政院新聞局。

( )5. 阿福和小慧不約而同的發明了同一種自動餵動物吃飯的機器，兩人也先後向智慧財產局提出專利申請，請問他們二人可以同時擁有專利權嗎？　(A)不可以，因為專利採先申請主義，因此由先申請者優先取得專利權　(B)可以。

( )6. 領有證書的商標權年限為多久？　(A)10 年，到期可申請展期，可無限次展期　(B)20 年。

（　）7. 商標有哪些功能？　(A)商品來源之識別功能　(B)品質保證功能　(C)廣告功能　(D)以上皆是。

（　）8. 著作財產權的存續期間是著作人的生存期間，加上其死亡後幾年？　(A)10 年　(B)30 年　(C)50 年。

（　）9. 下列敘述何者不正確？　(A)不盜拷他人所寫的電腦軟體，是因為要尊重他人智慧的結晶　(B)在網路上看到很好的文章，可以任意擷取幾篇精華，將它貼在自己的網站上供網友閱覽　(C)如果只是單純上網瀏覽影片、圖片、文字或聽音樂，並不會違反著作權法。

（　）10. 法律保障創作和發明，下列哪一種行為違反著作權法？(A)偷看別人的書信　(B)模仿人家的簽名　(C)拷貝電腦遊戲程式送給同學。

（　）11. 到電腦公司打工，聽從老闆的指示販賣盜版軟體，老闆和打工的人有何責任？　(A)老板觸犯著作權法，打工的人無罪　(B)只要賠償損失就沒罪　(C)老闆、打工的人都觸犯著作權法。

（　）12. 抄襲同學的作文，以自己名義去投稿，是否觸法？　(A)會違反著作權法　(B)是不道德的行為，但不犯法　(C)是不合理的行為，但不犯法。

（　）13. 老師的演講廣受各界歡迎，小王筆錄他的演講內容，並刊載於校刊內，請問這著作權是屬於誰的？　(A)老師(B)小王　(C)老師和小王共有。

（　）14. 李教授在某大學授課，旁聽的學生小傑將授課重點筆錄後，下列何者行為會侵害著作權法？　(A)整理賣給補習班印製成講義　(B)自己回家複習。

（　）15. 阿九付費加入 P2P 會員，下載了好幾百首網友分享的歌曲來聽，也上傳歌曲讓別人分享，請問阿九會違法嗎？(A)當然不會，因為阿九已繳會費了　(B)繳交會費不等於合法授權，如果未經著作權人的授權，仍然是違法的。

（　）16. 小芬在影印店影印《哈利波特》一書，影印整本供自己使用，請問是否違法？　(A)只印一本且供自己使用，所以並不違法　(B)整本影印已經超出合理使用的範圍（會替代市場），所以會有侵害著作權的問題。

（　）17. 下列哪些東西是屬於智慧財產權所保障的範圍？　(A)作文、繪畫與音樂作曲等　(B)金錢與珠寶　(C)房地產。

（　）18. 小強認為「駭客任務」是很好看的電影，於是去租原版片，並把這部電影帶到店裡去播放，讓客人共同分享此電影的樂趣，請問是否違反著作權法？　(A)沒有，因為它使用正版的片子　(B)有，任意放電影給公眾欣賞，是侵害著作財產權人的「公開上映權」的行為。

（　）19. 黑皮用手機自創音樂鈴聲，他是否需要登記才能享有著作權法的保護呢？　(A)不需要，自創作完成就可以受著作權法保護，不必作任何登記或申請　(B)需要，自創完成後要作登記或申請，才可以受著作權法保護。

（　）20. 寶寶和揚揚合力完成一件畫作，請問著作權是誰的？(A)寶寶的　(B)揚揚的　(C)屬於寶寶和揚揚兩個人的，為共同著作。

（　）21. 下列哪一種權利不必到經濟部智慧財產局申請，就可享有？　(A)專利權　(B)商標權　(C)著作權。

（　）22. 小文 15 歲寫了一篇文章，並在 80 歲的時候死亡，請問小文這篇文章的著作財產權共存續了幾年？　(A)65 年 (B)80 年　(C)115 年。

（　）23. 學生舉辦校際觀摩或比賽，在什麼情形下，可以不經著作財產權人授權而演唱或演奏他人的音樂？　(A)非以營利為目的　(B)未對觀眾或聽眾直接或間接收取任何費用 (C)未對表演人支付報酬　(D)以上 3 種條件都具備的情形下。

二、問答題

1. 請解釋何為智慧財產權？並且說明正確的軟體使用態度為何。

2. 我國《專利法》規定之專利種類有幾種？

3. 小娟開了一家「生活咖啡店」，在店裡播放賣場買來的音樂 CD 以吸引客戶，請問該行為是否合法，請說明理由。

4. 購買了一片單機版的軟體，是否可以安裝在自己的兩臺電腦上使用？請說明理由。

參考文獻

1. 吳宗謀、陳朝光，《智慧財產權》，普林斯頓國際有限公司，2006。

2. 耿建興、溫敬和，《生活科技》，新文京，2006。

3. 陳櫻琴、葉玫妤，《智慧財產權法》，五南，2005。

4. 通識法學‧法學通識教學部落格：
   http://blog.yam.com/vnulaw/article/37043775。

5. 經濟部智慧財產局：http://www.tipo.gov.tw。

6. 徐振雄，《智慧財產權概論》第四版，新文京，2017。

附錄 **習題解答**

一

Chapter 01

一、選擇題

1.D	2.C	3.B	4.C	5.B	6.D	7.D	8.D	9.D	10.C
11.C	12.A	13.C	14.C						

二、問答題

1. 自行發揮。

2. 依據阿爾弗雷德・諾貝爾(Alfred Nobel)的遺囑共設立物理學獎、化學獎、生理學或醫學獎、文學獎及和平獎等五個獎項。另外大家也常聽到諾貝爾經濟學獎,這並非是諾貝爾遺囑中所提到的,而是瑞典國家銀行於 1969 年所設立,又稱為瑞典國家銀行經濟學獎。

3. 結構材料就是具有較好的力學性能(比如強度、韌性及高溫性能等等)作為結構的材料。而功能材料是除力學以外還有其他功能的材料,對於光、熱、電、磁等外界環境刺激具有靈敏的反應能力,能選擇性的做出反應,而有許多特定的用途,例如:發光、能源與通訊等。

4. 此類材料在功能材料的基礎上,另具有其他人類特有的功能,即能感知外部刺激(感測功能)、判斷並適當處理(處理功能)且本身可致動(致動功能)的材料,例如變色鏡片,當眼鏡照射到 420nm 以下波段的光時,眼鏡的透光率就下降,380nm 以下的波段完全不穿透,顏色也變暗,當鏡片回到室內,沒有紫外光照射時,鏡片的顏色又恢復原來透明的顏色。

5. 「奈米」(Nanometer)是長度單位,代表十億分之一公尺的尺寸大小,也就是 $1nm=10^{-9}m$。材料奈米化後對材料性質會有巨大的影響,如奈米顆粒的金屬材料會產生不導電現象、提高比表面積、熔點會下降,還有聲、光、電、磁、熱與力學等特性也會和巨觀結構有所不同。

6. 「觸媒」(Catalyst)是一種促進或催化化學反應進行,但反應前後不會消耗的特定化學物質。而「光觸媒」(Phtocatalyst)是要在照光的環境

下吸收足夠的能量，才會產生催化作用，以刺激化學反應進行。二氧化鈦(TiO$_2$)光觸媒在紫外光照射下，光觸媒會形成電子與電洞對，電子和氧分子產生氧負離子自由基($\cdot$ O$_2^-$)，電洞與水分子產生氫氧自由基($\cdot$ OH)，氧負離子自由基($\cdot$ O$_2^-$)具有極強的還原能力，而氫氧自由基($\cdot$ OH)有極強的氧化能力，光觸媒反應就是利用這些產生的自由基進行其他氧化還原反應，來達到除臭及殺菌的效果。

7. 不鏽鋼可做為鍋具、餐具、各式架子、水塔等；鋁合金質輕且耐蝕性佳，常作為電腦外殼；銅為電線最常見的材料；鈦金屬作為眼鏡框架，鎳鈦記憶合金常作為女性記憶型內衣鋼圈。

8. 聚乙烯(PE)是常見的保鮮膜材料；聚氯乙烯(PVC)是常見的塑膠袋、水管材料；聚四氟乙烯(PTFE)（鐵氟龍）常作為不沾鍋塗層。

9. 二氧化矽是玻璃的主要成分；黏土是磁磚或磚塊的主要成分；氧化鋁及氧化鋯可作為全陶瓷假牙材料。

10. 半導體是指一種導電性可受控制、範圍可從絕緣體至導體之間的材料，當有足夠的能量讓電子或電洞運動就可導電。控制半導體的電子運動可作為發光材料（發光二極體，LED），利用不同種類半導體接觸的界面性質可作為整流器或功率放大器。

11. 材料學家對於玻璃的定義為一種非晶質(Amorphous)的物體，所謂非晶質的意思是組成材料的原子皆為不規則排列，除一般大眾認知的玻璃外，還有金屬、高分子與陶瓷材，只要其結晶狀態為非晶質，都可稱為玻璃。而一般所稱的玻璃主要成分為非結晶二氧化矽(SiO$_2$)，如常見的窗戶玻璃，若外加其他配料，如添加了三氧化二硼的硼矽酸鹽玻璃，又名耐熱玻璃，化學實驗所使用的燒杯即為此材質。

12. P 型半導體與 n 型半導體連接，乾電池的正電壓接到 P 型半導體，負電壓接到 n 型半導體，此種接法稱為順向偏壓。在一適當的順向偏壓下，電子、電洞由乾電池分別注入 n、p 兩端，電子由高能量狀態掉回低能量狀態與電洞於 p/n 介面區域結合，將能量以光的形式釋放出來，此為 LED 發光原理。

13. (1)PE；(2)PVC；(3)PTFE；(4)PS。

14. 積層製造(Additive Manufacturing, AM)有別於傳統的去除式加工，先透過電腦輔助設計(CAD)或電腦動畫建模軟體建模，再將建成的三維模型

「分割」成逐層的截面,進而指導印表機逐層列印,常見列印的方式有熔融沉積成型(FDM)、光固化(SLA)及選擇性雷射燒結(SLS)等,可將材料固化成型。

15. 氧化鋯有三種結晶構造,1,170℃以下是單斜結構(Monoclinic Structure),1,170~2,370℃是正方結構(Tetragonal Structure),高於 2,370℃是立方結構(Cubic Structure),添加氧化釔(Y_2O_3)、氧化鎂 (MgO)、氧化鈣(CaO)及氧化鈰(CeO_2)等相穩定劑,可以使氧化鋯在室溫的晶相中有部分的正方晶,稱為部分安定氧化鋯(PSZ),當部分安定氧化鋯受力後,其結晶相會由正方晶結構轉變回單斜晶結構,並伴隨 3%的體積膨脹,可對材料內部的裂痕產生壓縮作用,使得裂痕延伸困難。

Chapter 02

一、選擇題

1.B	2.C	3.C	4.A	5.C	6.C	7.D	8.B	9.A	10.D
11.C	12.B	13.A							

二、問答題

1. 其一是保護人體內部器官,免遭來自外部的機械性、化學性等來源的傷害,其二就是防止體內的電解質、營養物質和水分的流失。

2. 指施於人體外部、牙齒或口腔黏膜,用以潤澤髮膚、刺激嗅覺、改善體味、修飾容貌或清潔身體之製劑。但依其他法令認屬藥物者,不在此限。

3. 具有保健功效,並標示或廣告其具該功效,且須具有實質科學證據,非屬治療、矯正人類疾病之醫療效能為目的之食品。

4. 請學生參考 61 頁說明,自行舉例。

5. 陰離子型、陽離子型、兩性離子型、非離子型。

Chapter 03

一、選擇題

| 1.D | 2.B | 3.B | 4.A | 5.B | 6.A | 7.C | 8.A | 9.D | 10.D |

二、問答題

1. 驛送、飛鴿傳書、烽煙、旗語、電報、電話、無線電對講機、Call機、手機等。

2. 一是以發光元件為主的發送器，二是以光導纖維或光纜當傳輸線，三是以檢光元件為主的接收器。

3. 臺南、安平、旗後、澎湖、彰化、臺北、滬尾、基隆、新竹與嘉義。

4. 調幅(Amplitude Modulation, AM)是指調整讓電磁波的振幅隨著聲波的振幅強弱而改變（振幅隨時間改變），但所傳送電磁波的頻率不變；調頻(Frequency Modulation, FM)是指調整讓電磁波的頻率隨著聲波的振幅強弱而改變（頻率隨時間改變），但所傳送電磁波的振幅則不改變。

5. 包括《電信法》、《廣播電視法》、《有線廣播電視法》與《衛星廣播電視法》等相關法規。

Chapter 04

一、選擇題

| 1.B | 2.A | 3.C | 4.B | 5.D | 6.B | 7.A | 8.B | 9.C | 10.D |
| 11.A | 12.D | | | | | | | | |

二、問答題

1. 光電產業可分為六大類：光電元件、光電顯示器、光輸出入、光儲存、光通訊、雷射及其他光電應用。

2. 液晶在低溫時呈現固體的結晶狀，隨著溫度升高變成液晶狀態，當溫度再升高，則變成均向的液體狀態。

3. 磊晶的方法大致上分為三種：液相磊晶法、氣相磊晶法與金屬有機物化學氣相沉積法。

4. 請學生自由發揮。

Chapter 05

一、選擇題

| 1.C | 2.D | 3.D | 4.B | 5.D | 6.C | 7.B | 8.C | 9.D | 10.D |

二、問答題

1. 植物經由基因改造，使其具有耐旱與耐寒等特性，而更能適應環境，而此植物將比其他植物更具有生存優勢，造成原生種植物的消滅，因而導致生態鏈失去平衡。

2.~5. 自由發揮。

Chapter 06

一、選擇題

| 1.D | 2.B | 3.C | 4.D | 5.B | 6.B | 7.C | 8.B | 9.D | 10.A |
| 11.D | 12.C | 13.B | 14.A | 15.D | 16.D | 17.A | 18.C | 19.D | 20.B |

二、問答題

1. 氣候變遷、臭氧層破壞、溫度效應、水資源匱乏、森林銳減、生物多樣性減少、海岸侵蝕、酸雨蔓延、水汙染、空氣汙染、河川汙染、土壤汙染、廢棄物及有毒氣體排放、濕地及生態環境破壞、土地荒漠化。

2. 懸浮微粒、細懸浮微粒、二氧化硫、一氧化碳、臭氧與二氧化氮。

3. (1) 都市汙水：包括家庭廢水、商業廢水與事業單位之廢水等，占各種水汙染源每天排放量之 21.4%。

   (2) 工業廢水：由於中小型工廠數量很多，水質掌握不易，廢水排放量居首位，約占 55.5%。

   (3) 畜牧廢水：排放量僅次於工業廢水，占 23.1%，畜牧廢水主要來源為養豬場。

   (4) 其他：如自然環境的改造、雨水汙染、農藥流入河川的汙染、礦場與垃圾滲出水的汙染等等。

4. 臺灣被列為缺水國家，主因係受到地形及氣候的影響，包括：
   (1) 臺灣降雨的時間、空間分布極不平均。
   (2) 豐枯水量懸殊。
   (3) 臺灣山勢陡峭、河川短促、急流入海，致能利用之水資源相對減少。

5. 環境荷爾蒙(Environmental Hormone)係指外因性干擾生物體內分泌之化學物質，即由外在環境進入體內的物質，具有模仿、干擾或抗拒生物體內荷爾蒙的正常活動，亦可能影響生物體內荷爾蒙的運送、調節、結合、訊號產生與細胞的代謝反應等，其正式名稱是內分泌干擾物(Endocrine Disruptor)。極小濃度的環境荷爾蒙就會對生物體產生深遠的影響，通常為 10 億分之 1(ppb)的濃度。

6. (1) Reduce：減少丟棄之垃圾量。
   (2) Reuse：重複使用容器或產品。
   (3) Repair：重視維修保養，延長物品使用壽命。
   (4) Refuse：拒用無環保概念之產品。
   (5) Recycle：物品回收再使用。

7. 一般土壤汙染源包括：(1)工業廢水、廢汙泥或其他固體、液態廢棄物、(2)農藥及肥料、(3)畜殖業廢棄物、(4)都市汙水及垃圾與(5)廢氣、落塵及酸雨等。

8. (1) 主動關心、監督公共事務，參與社區組織，共同維護社區環境品質。
   (2) 飲食均衡適量，剩菜打包，減少廚餘。
   (3) 提倡喝白開水，避免食用垃圾食品、飲料。
   (4) 拒菸、拒吸二手菸，力行公共場所禁菸。
   (5) 節約用水，減少水汙染，保護水資源及河川。

Chapter 07

一、選擇題

| 1.A | 2.B | 3.C | 4.B | 5.D | 6.C | 7.D | 8.B |

二、問答題

1. 因為所產生的能量並不會完全轉換成電能，大約只有 1/3 左右能轉換成電能，其餘 2/3 的能量必須利用水來冷卻，否則可能造成異常高壓而無法控制機組運作。

2. 優點：

   (1) 不需要燃料有風即可發電，所以沒有燃料問題。

   (2) 沒有空氣汙染、輻射或二氧化碳排等公害問題。

   (3) 沒有輻射線核廢料處理問題。

   (4) 取之不盡，用之不竭，沒有能源危機。

   (5) 建造費用較水力、火力或核能發電廠的建造費用便宜很多。

   限制：

   (1) 沒風就不能發電，風小發電量不足，風力不穩定，風力和風向時常改變，能量無法集中。

   (2) 容量小不能做為基載電力。

   (3) 風力有地域性：需要靠沒有物體阻擋的地方，也就是風很強的地方才有辦法建造風力發電廠。

   (4) 對生態或景觀的破壞。

   (5) 噪音大。

3. 水庫的堤壩位於高處具有高位能，高位能的水流至低處，將其中所含之位能轉換成渦輪機之動能，再藉渦輪機推動發電機產生電能。

4. 鋼鐵工業需大量熱能達到工業製程的需求，會產用「後發電式汽電共生系統」，鍋爐蒸氣先滿足製程的熱能需求，再將排出之餘熱供發電之用，所發的電可投入製程使用，若有剩餘電力可回賣給電力公司。

5. 自由發揮。

Chapter 08

一、選擇題

1.D	2.D	3.B	4.B	5.A	6.A	7.D	8.C	9.B	10.C
11.C	12.A	13.A	14.A	15.B	16.B	17.A	18.B	19.A	20.C
21.C	22.C	23.D							

二、問答題

1. (1) 「智慧財產權」是保護創作人擁有其智慧財產的權利。
   (2) 使用原版軟體，不任意盜拷或下載非法軟體使用。

2. 專利的種類各國規定並不相同，依我國現行《專利法》規定，專利分為發明、新型及設計 3 種。

3. 不合法，一般 CD 是不能公開播映的，要取得公播版。

4. 單機版授權可將軟體的使用權限授與特定使用者安裝於單一臺電腦使用，但使用者亦可將軟體安裝在多臺電腦上，僅不能在相異的電腦上同時執行該軟體而已，依題意安裝與使用是不同的兩回事，只要不同時執行該軟體，並非不可。

附錄 二   索引

Chapter 01

Chapter 02

Chapter 03

Chapter 06

New Wun Ching Developmental Publishing Co., Ltd.

New Age · New Choice · The Best Selected Educational Publications—NEW WCDP